MANISH KUMAR
BHOOPENDRA SINGH
A.K. RAI

Micropropagação de stevia

MANISH KUMAR
BHOOPENDRA SINGH
A.K. RAI

Micropropagação de stevia

cultura de tecidos

ScienciaScripts

Imprint

Cover image: www.ingimage.com

This book is a translation from the original published under ISBN 978-620-7-80551-8.

Publisher:
Sciencia Scripts
is a trademark of
Dodo Books Indian Ocean Ltd. and OmniScriptum S.R.L publishing group

120 High Road, East Finchley, London, N2 9ED, United Kingdom
Str. Armeneasca 28/1, office 1, Chisinau MD-2012, Republic of Moldova, Europe
Printed at: see last page
ISBN: 978-620-7-98924-9

RECONHECIMENTO

É com orgulho que tenho o privilégio de expressar o meu profundo sentido de gratidão e a minha sincera dedicação ao Dr. H. Dubey, Presidente do meu Comité Consultivo e cientista júnior da Faculdade de Biotecnologia da Universidade Agrícola de Birsa, Ranchi, pela sua orientação académica, inspirações, sugestões concretas e críticas construtivas ao longo de todo o processo, o que, de facto, levou à conclusão bem sucedida do projeto dentro do período estipulado.

As palavras são indescritíveis para perceber a imensa ajuda desta pessoa. É minha arrogante isenção reconhecer o grande sentimento de gratidão do fundo do meu coração à Dra. Madhuparna Banerjee, Cientista, Unidade de Cultura de Tecidos, Faculdade de Biotecnologia, Universidade Agrícola de Birsa, Ranchi, pela sua ajuda inigualável e cooperação constante ao longo do curso e durante a investigação e o trabalho de laboratório.

As palavras não serão suficientes para exprimir o meu mais profundo sentimento de gratidão e de dívida para com o Dr. Z.A. Haider, Reitor Associado da Faculdade de Biotecnologia da Universidade Agrícola de Birsa e membro do meu comité consultivo, pela sua orientação erudita, sugestões valiosas e pelo facto de se ter esforçado por analisar o manuscrito de forma crítica.

Os meus agradecimentos mais sinceros, dotados de um sentimento de honra, aos membros do meu comité consultivo, Dr. S.K. Singh, Professor Associado de Melhoramento Vegetal e Genética, Agricultural College. Dr. K. Sinha, Chefe do Departamento de Estatística, pelo seu encorajamento contínuo, sugestões valiosas e ajuda gentil e sincera ao longo da presente investigação.

É com grande prazer e honra que registo o meu profundo sentimento de gratidão para com o Dr. N.N. Singh, Vice-Chanceler da Universidade Agrícola de Birsa, e para com o Dr. G.S. Subey, Reitor de Estudos de Pós-Graduação e Diretor de Instruções Residentes da Universidade, por terem proporcionado as facilidades e os incentivos necessários sempre que precisei.

Com o coração aflito, registo os meus sinceros agradecimentos ao Dr. A saxena, à Dra. Mira Bajpayee, cientista júnior da Faculdade de Biotecnologia da Universidade Agrícola de Birsa, pela sua sugestão, encorajamento e apoio durante o seu mandato.

Agradeço sinceramente aos meus colegas mais velhos e amigos, Shri Vinod ku. Sanjay Kumar, Namit upadhaya, Santosh kumar, Nigam Kumar, pela sua cooperação direta e indireta.

Gostaria de deixar registado o meu agradecimento ao Dr. A.K. Dwivedi, Shri T. Awasthi, Shri L.K. Britya, Shri Humayun da faculdade de Biotecnologia pela sua sincera cooperação durante o meu período de estudos aqui.

Nunca poderei perdoar e perdoar-me ao longo da minha vida se ignorar e esquecer o meu querido, nobre e piedoso pai Shri Shukdeo Prasad Singh, cujas bênçãos estão sempre comigo. As palavras não são suficientes para transmitir os meus sentimentos emocionais do fundo do coração à minha mãe Smt Saraswati Devi, ao meu irmão Shri Dhruv Pd. Singh, Shri Pramod ku. Singh, Shri Rajnish ku., à minha irmã Guddii, ao meu cunhado Shri Shekhar Jee e aos meus sobrinhos Abhishek, Satayam, Ujjawal e Pritam, pelos seus sacrifícios, pela sua profunda simpatia, pelas suas bênçãos sinceras e pela sua inspiração.

A pessoa responsável pela apresentação do manuscrito nesta forma é o Centro de Informática, Kanke, Ranchi. O seu esforço árduo é reconhecido com gratidão.

Local :....................
Data :....................

Manish Kumar

ÍNDICE

RECONHECIMENTO 1
RESUMO 4
Capítulo I INTRODUÇÃO 6
Capítulo II REVISÃO DA LITERATURA 12
Capítulo III MATERIAL E MÉTODOS 18
Capítulo IV RESULTADOS E DISCUSSÃO 27
BIBLIOGRAFIAS 41

RESUMO

É provável que *a estévia* se torne uma fonte importante de adoçante de alta potência para o crescente mercado de alimentos naturais no futuro. Por conseguinte, é necessário estabelecer uma produção mecanizada rápida e eficiente de *estévia* para responder a esta necessidade. Compreender a biologia das plantas de *Stevia* e a bioquímica dos glicosídeos doces são pré-requisitos para a conversão da *Stevia* numa cultura moderna. Prevê-se que a procura de edulcorantes de elevada potência aumente a nível mundial. Foi apenas no último ano que *a Stevia* começou realmente a captar a atenção do mercado indiano como um adoçante saudável alternativo ao açúcar.

Em diferentes locais é conhecida por diferentes nomes, como na América do Sul, conhecida como "yerba dulce", pelos índios Guarani do Paraguai, nomes como: Azuca-caa, Kaa-he-e, Ca-a-yupe e Caá-êhê, que significa erva doce. *A Stevia* não contém ciclamato de cálcio, sacarina, aspartame nem calorias. É segura para os diabéticos, pois não afecta os níveis de açúcar no sangue; não tem os efeitos secundários neurológicos ou renais de alguns dos adoçantes artificiais. Por isso, *a Stevia* pode ser apropriadamente chamada de "*adoçante biológico de alta qualidade sem calorias*". Esta erva de folha de mel doce é suscetível de se tornar a principal fonte de adoçante de alta potência para o crescente mercado de alimentos naturais, nos próximos anos. As utilizações mais potenciais da morfogénese *in vitro* podem ser a sua utilização como adoçante natural, substituindo os adoçantes químicos e até o açúcar de mesa. Está documentado que a doçura da folha se deve à presença de um agente adoçante intensivo chamado esteviosídeo e que a folha por si só é cerca de 20 a 30 vezes mais doce do que o açúcar. A folha tem 10-12% de esteviosídeo em base de peso seco, que é pelo menos 300 vezes mais doce do que a sacarose, para além de ser um açúcar sem calorias.

Tendo em vista o tema da tese "morfogénese in vitro de *Stevia rebaudiana",* uma planta de transpiração natural. Seguindo aspectos como a esterilização da superfície, o efeito da exsudação fenólica, o efeito da idade, o efeito da subcultura, a formação de calos, a formação de rebentos, a formação de raízes e o endurecimento de plantas cultivadas em tecidos. Para todos estes fins, utilizou-se cloreto de mercúrio (0,025 a 0,2 %) para a esterilização da superfície, meios basais MS com diferentes combinações hormonais, tais como BAP (0,0 a

16,3 µM), NAA (0,0 a 13,3 µM), sulfato de adenina Su (24,7 a 61,8 µM) e IAA (1,4 a 17,1) para a formação de rebentos, calos e raízes, em combinação e isoladamente

O estudo revelou que a esterilização da superfície, quando efectuada em diferentes tempos (de 5 min a 20 min) e em diferentes concentrações (de 0,025 a 0,2 %), obteve o melhor resultado com uma concentração de 0,1% de $Hg\ Cl_2$ a 15 min. A exsudação fenólica mínima ocorreu em explantes com quatro semanas de idade e, por conseguinte, a % de sobrevivência máxima. A subcultura, primeiro no dia seguinte e, em seguida, com um intervalo de quinze dias, aumentou aproximadamente 20 a 30 % da eficácia de sobrevivência. A formação de rebentos ocorreu com a combinação hormonal BAP +NAA; ADS +NAA e apenas BAP, mas nem todos tiveram a mesma eficácia. O BAP +NAA a 13,3µM +8,0µM deu até 85,5% de rebentação e 16,5 rebentos por explante. Da mesma forma, BAP sozinho e BAP +ADS deram 74,5% e 86,00% de quebra de brotos, respetivamente. A formação de calos foi observada em diferentes combinações de NAA+BAP mas a formação mais eficiente e vigorosa ocorreu com 10,7µM +13,3µM e 2,6µM +4,4µM de NAA+BAP respetivamente.

O estudo adicional revelou que a formação de raízes ocorreu com IAA, NAA sozinho em combinação de NAA + BAP mas a formação de raízes mais eficiente e vigorosa ocorreu com 17.1 de IAA; NAA de 16.1 e 16.1µM+10.7 de NAA +BAP respetivamente.

Capítulo I

INTRODUÇÃO

É provável que, no futuro, *a estévia* se torne uma importante fonte de adoçante de alta potência para o crescente mercado de alimentos naturais. É imperativo converter *a estévia* de uma planta selvagem numa planta adequada para satisfazer a enorme procura da indústria. Por conseguinte, é necessário estabelecer uma produção mecanizada rápida e eficiente de *estévia* para responder a esta necessidade. Compreender a biologia das plantas de *Stevia* e a bioquímica dos glicosídeos doces são pré-requisitos para a conversão da *Stevia* numa cultura moderna. Prevê-se que a procura de edulcorantes de elevada potência aumente a nível mundial. Por conseguinte, a exploração bem sucedida de plantas medicinais é uma chave para abordar o vasto número de problemas associados a vários aspectos da saúde, nutricionais e sociais do ser humano. Além disso, a fim de realizar o verdadeiro potencial das plantas medicinais, é necessário estabelecer métodos económicos e racionais para uma colheita bem sucedida das culturas, de modo a satisfazer o enorme consumo desejado pelas instituições comerciais. É provável que *a estévia* se torne uma fonte importante de adoçante de alta potência para o crescente mercado de alimentos naturais no futuro. O desafio que se coloca é converter *a estévia* de uma planta selvagem numa cultura moderna bem adaptada a uma produção mecanizada eficiente. O desenvolvimento de mudas adequadas à Índia seria o primeiro requisito. Um sistema de produção de culturas, que forneça informação sobre a otimização dos factores de produção, o controlo de ervas daninhas e doenças, a colheita e os métodos de manuseamento, terá de ser detalhado. É desnecessário mencionar que é preciso criar uma consciência sobre a erva natural e os produtos fabricados a partir dela pelas indústrias. Embora *a Stevia* seja utilizada na Ásia e na Europa há anos, só no último ano é que começou a chamar a atenção do mercado indiano como um adoçante saudável alternativo ao açúcar.

História:

A Stevia tem sido utilizada como adoçante há centenas de anos. Os conquistadores relataram *a Stevia* aos espanhóis durante o século 16th , mas ela permaneceu na obscuridade até ser novamente trazida à atenção dos europeus em 1888 por M.S. Bertoni. Antes de ser descoberta pelos europeus, já era conhecida há muito tempo pelos povos indígenas Guarani, nativos daquela região. Na América do Sul é conhecida principalmente como "yerba dulce", mas entre os índios Guarani do Paraguai, que utilizam a planta há séculos, tem uma variedade de nomes interessantes: Azuca-caa, Kaa-he-e, Ca-a-yupe e Caá-êhê, que significa erva doce. Utilizavam-na para adoçar bebidas amargas como o mate. Muitas práticas medicinais e nutricionais Guarani incorporam *a Stevia* de uma forma ou de outra. Os notáveis Guarni possuem uma das culturas nativas mais avançadas, em termos de filosofia, nutrição e medicina, de qualquer grupo similar no mundo. No entanto, os seus costumes ainda são apenas vagamente compreendidos por outras pessoas. Um exemplo disso é a utilização da *Stevia.*

Apesar de séculos de utilização pelos índios, só em 1899 é que a planta foi descoberta pelo homem "civilizado". M.S. Bertoni (citado acima) observou que os nativos usavam a planta para adoçar as suas bebidas amargas. *A* Bertoni acabou por ser atribuída a descoberta de uma nova espécie; em sua honra, *a Stevia* é agora conhecida como *Stevia rebaudiana* Bertoni.

A Stevia não contém ciclamato de cálcio, sacarina, aspartame nem calorias. É segura para os diabéticos, uma vez que não afecta os níveis de açúcar no sangue; não tem os efeitos secundários neurológicos ou renais de alguns dos edulcorantes artificiais. Por isso, *a Stevia* pode ser apropriadamente chamada de "*adoçante biológico de alta qualidade sem calorias*". Esta erva de folha de mel doce é suscetível de se tornar a principal fonte de adoçante de alta potência para o crescente mercado de alimentos naturais, nos próximos anos. As utilizações mais potenciais da morfogénese *in vitro* podem ser a sua utilização como adoçante natural, substituindo os adoçantes químicos e mesmo o açúcar de mesa. Está documentado que a doçura da folha se deve à presença de um agente adoçante intensivo chamado esteviosídeo e que a folha por si só é cerca de 20 a 30 vezes mais doce do que o açúcar. A folha tem 10-12% de esteviosídeo em base de peso seco, que é pelo menos 300 vezes mais doce do que a sacarose, para além de ser um açúcar sem calorias. Uma breve descrição da *Stevia* é dada em diferentes títulos, como se segue

Constituintes **químicos**:

A composição química completa da *Stevia* ainda não está disponível. No entanto, uma variedade de *Stevia* foi testada quanto às suas composições químicas. A parte útil deste arbusto são as folhas (Soejarto *et al*, 1982). Dos 110 *Stevia* testados quanto à doçura, apenas

18 possuíam esta caraterística (Soejarto *et al*, 1982). Oito glicosídeos de ent-kaureno, nomeadamente o dulcosídeo A, os rebaudiosídeos A-E, o esteviolbiosídeo e o esteviosídeo, produzem a sensação de sabor doce (Kinghorn *et al.*, 1984). Estes glicosídeos são principalmente compostos do derivado diterpénico esteviol (Shibata *et al.*, 1995). *A Stevia rebaudiana Bertoni*, a espécie mais doce, contém nas suas folhas todos os oito glicosídeos ent-kauránicos (Kinghorn *et al.*, 1984), sendo o esteviosídeo o principal constituinte (3%-8% em peso das folhas secas). Para além disso, *a Stevia rebaudiana Bertoni* contém estigmasterol, beta-sitosterol e campesterol (D' Agostino *et al.*, 1984). A mesma espécie contém também esteviol, um produto formado por hidroxilação enzimática na planta (Kim, *et al.* 1996). Outras substâncias químicas sem sabor doce também se encontram na *Stevia sp.* e algumas podem até ter um sabor amargo. Estevisaliosídeo A (das raízes de *Stevia salicifolia*) (Mata et al., 1992), derivados de longipinano nas raízes de *Stevia connata* (Sanchez et al., 2000), diterpenos epoxilabdanos e um derivado de clerodano nas folhas de *Stevia* subpubescens (Roman *et al*, 2000), flavonóides das folhas de *Stevia nepetifolia* (Rajbhandari e Roberts, 1983), *Stevia microchaeta, Stevia monardifolia, Stevia origanoides* (Rajbhandari e Roberts, 1985), *Stevia rebaudiana* (Rajbhandari e Roberts, 1983), *Stevia procumbens* (partes aéreas) (Sosa *et al*, 1985), e as lactonas sesquiterpénicas das partes aéreas de *Stevia* procumbens (Sosa *et al.*, 1985) e das folhas de *Stevia origanoides* (Calderon *et al.*, 1987) estão neste grupo. A doçura da *Stevia* é atribuída principalmente a dois compostos, o esteviosídeo (3-10% do peso seco da folha) e o rebaudiosídeo A (1-3%), que podem ser até 250 vezes mais doces do que a sacarose e, no entanto, os estudos também demonstraram que suprimem a resposta à glucose, aumentando os níveis de insulina. Um simples fragmento de folha é suficiente para adoçar a boca durante uma hora.

Acções **fisiológicas e farmacológicas**:

A estévia é utilizada em muitas partes do mundo como adoçante não-calórico (Matsui *et al.*, 1996). Juntamente com a doçura, também se nota um sabor amargo nos seres humanos (Jakinovich e Moon, 1990). Como extrato, verificou-se que esta erva tem uma potência semelhante, no que diz respeito à doçura, a uma solução de sacarose a 10% a pH 3,0 ou 7,0 (Cardello *et al.*, 1999). O mesmo estudo mostrou também que o extrato de ervas tinha uma potência semelhante à do aspartame e de uma mistura de ciclamato/sacarina (Cardello *et al.*, 1999). Verificou-se que a potência dos extractos de *Stevia* era superior à de outros extractos doces à base de plantas, como os de *Thladiantha grosvernorii* (Cucurbitaceae) ou *Abrus precatorius* (Fabaceae) (Jakinovich e Moon, 1990). A doçura do esteviosídeo, o principal componente doce da *Stevia sp.* foi detectada numa concentração tão baixa como 24 mg/ml (Jakinovich e Moon, 1999).

O efeito da administração de *Stevia* na função renal em animais foi examinado extensivamente. A administração oral de um extrato de *Stevia* durante um período de 30 dias (2,67 g de folhas secas/dia) resultou numa diminuição significativa da pressão arterial tanto em ratos normais como em ratos hipertensos induzidos experimentalmente, em comparação com o controlo (Melis, 1996). Nos ratos hipertensos, a taxa de filtração glomerular aumentou significativamente, enquanto que a dos ratos normais permaneceu inalterada com o tratamento com *Stevia* (Melis, 1996). O fluxo plasmático renal, a excreção de sódio e o fluxo renal total aumentaram após a administração de *Stevia* tanto em ratos normais como em ratos hipertensos (Melis, 1996). O autor deste estudo concluiu que a administração de *Stevia sp.* em quantidades superiores às normais (ou seja, superiores às utilizadas para adoçar) resultou em vasodilatação tanto em ratos hipertensos como em ratos normais. Quando administrado por infusão intravenosa (0,05 mg/min/100 g) a ratos, um extrato de *Stevia rebaudiana* produziu um aumento na excreção renal de sódio (Melis, 1999). A mesma infusão produziu um aumento significativo da depuração renal de água em ratos com diurese hídrica, e aumentou significativamente a reabsorção de água pelo ducto coletor em animais com antidiurese (Melis, 1999). O esteviol, juntamente com os seus análogos estruturais isosteviol e glucosilsteviol, demonstrou inibir a absorção de oxigénio e diminuir a produção de glicose pelos túbulos corticais renais de ratos (Yamomoto *et al.*, 1985). A administração crónica de extractos de *Stevia rebaudiana* em ratos durante 20 dias não produziu quaisquer alterações na função renal (Melis, 1999). No entanto, quando o mesmo extrato foi administrado durante 40 e 60 dias, ocorreram hipotensão, natriurese e diurese (Melis, 1995). Houve também um aumento significativo do fluxo plasmático renal após 60 dias de administração do extrato (Melis, 1995). Os sintomas observados com a administração crónica do extrato ao longo de 40 e 60 dias são consistentes com uma vasodilatação sistémica e renal (Melis, 1995; Melis e Sainati, 1991). Esta resposta vasodilatadora ao extrato de *Stevia rebaudiana* pode dever-se ao efeito antagonista do cálcio produzido pelo esteviosídeo, o principal componente desta preparação herbácea (Melis e Sainati, 1991). Em ratos espontaneamente hipertensos, o esteviosídeo administrado numa dose intravenosa de 50, 100 ou 200 mg/kg causou hipotensão de uma forma dependente da dose (Chan *et al.*, 1998). O esteviosídeo é excretado na urina pelo epitélio tubular renal (Melis, 1992) e não é metabolizado pelo fígado (Ishii *et al.*, 1995). Embora o fígado não metabolize o esteviosídeo, este composto afecta a função hepática. O esteviosídeo, juntamente com o esteviolbiosídeo, o isosteviol e o esteviol, causam a inibição da fosforilação oxidativa nas mitocôndrias do fígado de ratos (Kelmer *et al.*, 1985). Verificou-se que os mesmos compostos inibiam a atividade enzimática da ATPase, NADH-oxidase, succinato-oxidase, succinato desidrogenase e L-glutamato desidrogenase (Kelmer *et al.*, 1985). O esteviosídeo inibe a cetogénese e, em menor grau, o ciclo do ácido cítrico (Constantin *et al.*, 1991). O esteviol, o isosteviol e outros glicosídeos relacionados não afectaram a atividade da glutationa S-transferase nos ratos (Pezzuto *et al.*, 1986). A administração crónica de esteviosídeo (0,5, 1,0, ou 2,5 g/kg/dia) em hamsters não mostrou efeitos adversos, incluindo evidências histológicas, nos sistemas reprodutivos de animais machos e fêmeas (Yodyingyuad e Bunyawong, 1991). Este perfil inalterado foi seguido e registado em duas gerações de hamsters, também alimentados continuamente com esteviosídeo desde o nascimento (Yodyingyuad e Bunyawong, 1991). Estes resultados sobre o sistema reprodutor dos ratos machos foram confirmados num outro estudo (Oliveira *et al.*, 1989). A administração crónica (60 dias) de *Stevia rebaudiana* resultou numa diminuição do nível de testosterona no plasma e na concentração de esperma epididimal em ratos machos (Melis, 1999). O autor concluiu que este efeito era consistente com a crença de que a administração de extractos de *Stevia* pode produzir infertilidade nos machos (Melis, 1999). A questão da infertilidade após a administração de produtos *de Stevia* continua a ser controversa. Outros estudos, tais como estudos metabólicos (Gardana *et al*, 2003; Koyama *et al*, 2003; Geuns, 2003; Pezzuto *et al.*, 1985), estudos de vias biossintéticas (Richman *et al*, 1999) foram efectuados em *Stevia*, a fim de melhor compreender o sistema.

Efeitos carcinogénicos e mutagénicos:

Uma vez que os produtos *de Stevia* são utilizados como substitutos do açúcar por muitas populações, foi efectuado um estudo para testar se o esteviosídeo e o rebaudiosídeo A podem ter o potencial de causar cáries dentárias devido a uma utilização prolongada. Os ratos foram alimentados com uma dieta contendo 0,5% de esteviosídeo ou 0,5% de rebaudiosídeo A durante cinco semanas. Nenhum dos compostos mostrou um potencial de aumento do risco de desenvolvimento de cáries dentárias (Das *et al.*, 1992). Vários investigadores investigaram o risco de mutagenicidade. Em dois estudos (Matsui *et al.*, 1996; Pezzuto *et al.*, 1986), o esteviol produziu um efeito mutagénico positivo relacionado com a dose em alguns testes. No mesmo estudo, verificou-se que o esteviosídeo não produzia este efeito. Outros relatórios indicaram a ausência de mutagenicidade de ambos os compostos (Suttajit *et al.*, 1993, Klongpanichpak *et al.*, 1997). Devido a estes relatórios contraditórios, a FDA ainda é cautelosa na introdução desta erva como substituto do açúcar até que a sua segurança esteja completamente estabelecida (Sugar Substitutes: FDA Consumer, 1999).

Cultura de tecidos e *Stevia rebaudiana:*

A cultura de tecidos vegetais inclui várias técnicas que permitem a nutrição asséptica de um órgão vegetal, tecido, célula ou célula sem parede celular (protoplasto) num ambiente esterilizado em meio de crescimento. Na micropropagação, que é uma das técnicas de cultura de tecidos, a propagação de plantas é efectuada através da utilização de tecidos vegetais em miniatura, designados por explantes. O explante é cultivado assepticamente num meio de cultura em condições ambientais controladas.

A micropropagação tem um grande potencial para captar ganhos genéticos e obter culturas uniformes, o que é difícil no regime natural *in vivo*. Além disso, tem potencial para acelerar os resultados obtidos em programas de melhoramento de plantas e é mais vantajosa na multiplicação de plantas livres de agentes patogénicos em grande escala a partir de um único explante nodal, ponta de rebentos ou de calo num curto espaço de tempo. Como resultado, ***a Stevia rebaudiana*** foi selecionada para o nosso estudo baseado em cultura de tecidos.

Neste contexto, o presente trabalho de investigação foi realizado com os seguintes objectivos

1) No presente trabalho de investigação pretendemos estabelecer um método no nosso laboratório para a multiplicação rápida e eficiente de ***Stevia rebaudiana*** utilizando cultura de tecidos.
2) O objetivo a longo prazo do nosso grupo é explorar novas morfogéneses em sistemas de cultura de ***Stevia rebaudiana*** e tentar compreender o processo de controlo destas morfogéneses através da análise dos perfis proteicos.
3) Determinar a percentagem (%) de sobrevivência das plantas após o endurecimento.

Capítulo II

REVISÃO DA LITERATURA

A *Stevia* tem sido estudada desde há muitos anos. Diferentes cientistas estudaram diferentes aspectos da *Stevia rebaudiana*, como a micropropagação, a cultura de tecidos, os aspectos moleculares e os seus efeitos bioquímicos, entre outros. Revelei esses estudos em dois subtítulos, nomeadamente

A) Cultura de tecidos:-

M. Pan e J. Van Staden estudaram a biologia e a engenharia da produção em massa de plantas *in vitro* por micropropagação e génese de embriões somáticos e descreveram a construção básica e as caraterísticas de vários tipos de sistemas de bioreactores. Este sistema provou ser aplicável a muitas espécies de plantas, incluindo rebentos, bolbos, microtubos e cormos (Akita & Takayama, 1994ab; Preil, 1991; Takayama *et al.*, 1986; Takayama, 1991; Takayama *et al.*, 1991ab; Ziv & Aril; 1991). Os bioreactores são também aplicáveis à produção de embriões somáticos (Tautors *et al.*, 1992; Jay *et al.*, 1992; Denchey *et al.*, 1992; Greidziak *et al.*, 1990; Cazzulino *et al.*, 1990, 1991). Os recipientes dos biorreactores são feitos de vidro ou aço inoxidável, que necessitam de ser esterilizados por autoclavagem a vapor a 121^{0} C durante 15-30 minutos.

Steven M. Swanson, Gail B. Mahady e Christopher W. W. Beecher estudaram explantes foliares de *Stevia rebaudiana* Bertoni (Compositae), uma erva que produz o glicosídeo doce *ent-kaureno* esteviosídeo, cultivados em meio Murashige e Skoog com vitaminas, sacarose (30 g l^{-1}), ágar (0.9% p/v) e suplementado com ácido naftalenoacético (NAA, 0,5 mg l^{-1}) e benzilaminopurina (BAP, 0,5 mg l^{-1}). Estas condições deram origem a culturas de calos friáveis. Eliminando o ágar e modulando as concentrações hormonais do meio, obtém-se a diferenciação do tecido do calo. Assim, um meio com uma concentração aumentada de auxina (1,0 mg l^{-1}) e sem citocinina ou com uma concentração aumentada de citocinina (1,0 mg l^{-1}) e sem auxina produziu culturas de raízes ou de rebentos, respetivamente. A suplementação do meio de cultura de rebentos com NAA (1,0 mg ml^{-1}) induziu as culturas de rebentos a desenvolver raízes, diferenciando-se assim em culturas de rebentos enraizados. Apenas as culturas de rebentos enraizados tinham um sabor doce. A administração de ácido [2-^{14} C] acético a culturas de calos ou de rebentos enraizados demonstrou que apenas as culturas de rebentos enraizados são capazes de biossíntese *de novo* da fração aglicona do esteviosídeo (esteviol). Além disso, a administração de [metil-^{3} H (N)] esteviol a culturas de rebentos ou de rebentos enraizados demonstrou que ambos os tipos de culturas são capazes de realizar a reação de glicosilação. A capacidade destes tecidos para glicosilarem o esteviol em esteviosídeo foi também demonstrada utilizando preparações enzimáticas brutas derivadas de culturas de rebentos ou de rebentos enraizados. Esses resultados sugerem que a biossíntese de esteviosídeo é uma função da diferenciação do tecido, uma vez que tanto as raízes quanto as folhas são necessárias para que a *S. rebaudiana* cultivada biossintetize esteviosídeo a partir de acetato, enquanto as etapas biossintéticas finais podem ser realizadas em todos os níveis de diferenciação.

Oxana, Reshetnyak; Alexander, Nosov e Nikolai Bondarev **(2002)**; foram investigados o crescimento e o desenvolvimento de rebentos de *Stevia rebaudiana* cultivados no biorreactor de rolos e a sua produção de glicosídeos de esteviol (SGs). Verificou-se que, devido às condições altamente favoráveis de cultivo de rebentos criadas neste aparelho, a intensidade de crescimento dos rebentos e a produção de GS pareciam ser 1,5 - 2,0 vezes superiores às dos rebentos cultivados em tubos. Estes resultados indicam a existência de uma correlação positiva entre estes dois processos. Os dados obtidos sugerem que o aumento da produção de GS se deve à diferenciação das células do clorênquima e à formação de estruturas subcelulares específicas para a acumulação do glicosídeo.

Sivaram, Latha, e Mukundan, Usha (2002) estudaram que os explantes de ápice de rebento, nodal e folha de *Stevia rebaudiana* Bertoni podem regenerar rebentos quando cultivados em meio Murashige e Skoog (MS) suplementado com 6-benziladenina (BA; 8,87 *μM*) e ácido indol-3-acético (5,71 *μM*). O enraizamento dos rebentos *derivados in vitro* pode ser alcançado após subcultura em meio contendo auxina. Foi registada uma taxa de sobrevivência de 70% na fase de endurecimento no substrato cocopeat. A presença dos glicosídeos diterpénicos doces, nomeadamente esteviosídeo e rebaudiosídeo, foi confirmada nos tecidos de *Stevia derivados in vitro* utilizando técnicas de HPTLC. Os calos cultivados em meio MS solidificado com ágar suplementado com BA (8,87 *μM*) e ácido indol-3-butírico (9,80 *μM*) apresentaram o maior adoçante.

Em 1991; Steven, M. Swanson, Gail B. Mahady e Christopher, W. W. Beecher descobriram que explantes de folhas de *Stevia rebaudiana* Bertoni (Compositae), uma erva que produz o glicosídeo doce *ent-kaureno* esteviosídeo, foram cultivados em meio Murashige e Skoog com vitaminas, sacarose (30 g l^{-1}), ágar (0.9% p/v) e suplementado com ácido naftalenoacético (NAA, 0,5 mg l^{-1}) e benzilaminopurina (BAP, 0,5 mg l^{-1}). Estas condições deram origem a culturas de calos friáveis. Eliminando o ágar e modulando as concentrações hormonais do meio, obtém-se a diferenciação do tecido do calo. Assim, um meio com uma concentração aumentada de auxina (1,0 mg l^{-1}) e sem citocinina ou com uma concentração aumentada de citocinina (1,0 mg l^{-1}) e sem auxina produziu culturas de raízes ou de rebentos, respetivamente. A suplementação do meio de cultura de rebentos com NAA (1,0 mg ml^{-1}) induziu as culturas de rebentos a desenvolver raízes, diferenciando-se assim em culturas de rebentos enraizados. Apenas as culturas de rebentos enraizados tinham um sabor doce. A administração de ácido [2-^{14} C] acético a culturas de calos ou de rebentos enraizados demonstrou que apenas as culturas de rebentos enraizados são capazes de biossíntese *de novo* da fração aglicona do esteviosídeo (esteviol). Além disso, a administração de [metil-^{3} H(N) steviol a culturas de rebentos ou de rebentos enraizados demonstrou que ambos os tipos de culturas são capazes de realizar a reação de glicosilação. A capacidade destes tecidos para glicosilarem o esteviol em esteviosídeo foi também demonstrada utilizando preparações enzimáticas brutas derivadas de culturas de rebentos ou de rebentos enraizados. Esses resultados sugerem que a biossíntese de esteviosídeo é uma função da diferenciação de tecidos, uma vez que tanto as raízes quanto as folhas são necessárias para que a *S. rebaudiana* cultivada biossintetize esteviosídeo a partir de acetato, enquanto as etapas biossintéticas finais podem ser realizadas em todos os níveis de diferenciação.

Robert, a multiplicação de Stevia através de TC é muito fácil. O meio MS com 0,5 BA/ Lit é suficiente. A estévia enraíza bem em meios simples, o clone não está a enraizar / podemos usar IAA 0,2 mg / lit.

Em 2002; Sivram, Lathma e Mukunda estudaram que os explantes de ápice de rebento, nodal e folha de *Stevia rebaudiana* Bertoni podem regenerar rebentos quando cultivados em meio Murashige e Skoog (MS) suplementado com 6-benziladenina (BA; 8,87 μM) e ácido indol-3-acético (5,71 μM). O enraizamento após a subcultura em meio contendo auxina, a taxa de sobrevivência de 70% foi registada na fase de endurecimento no substrato cocopeat. A presença dos glicosídeos diterpénicos doces, viz. esteviosídeo e rebaudiosídeo, foi confirmada nos tecidos de *Stevia derivados in vitro* utilizando técnicas de HPTLC. Os calos cultivados em meio MS solidificado com ágar suplementado com BA (8,87 μM) e ácido indol-3-butírico (9,80 *μM*) mostraram o maior swetner que os rebentos *derivados in vitro* poderiam alcançar. As longas horas de luz, 18 horas, foram mais eficazes em laboratório.

Sung Jin Hwang, Byung Sik Pyo e Baik Hwang (1999) estudaram que *a Stevia rebaudiana* é uma erva da família Chrysantheum que cresce selvagem como um pequeno arbusto no nordeste do Paraguai. Esta é a melhor fonte de adoçantes naturais, uma vez que as suas folhas são ricas em constituintes de glicosídeos ent-kaureno, ou seja, esteviosídeo e rebaudiosídeo. A estévia é heterogénea e não floresce nas condições ambientais de algumas áreas em que foi introduzida; por conseguinte, é necessário um método eficiente para a sua propagação clonal. Foi conseguido um procedimento ótimo de micropropagação utilizando segmentos nodais com dois botões auxiliares como explantes. Foram testados os efeitos do tipo e concentração de hormonas vegetais e do meio basal (MS, SH, WPM, B5, LS) na multiplicação de rebentos. Os rebentos proliferados *in vitro* foram multiplicados em meio MS contendo 2-3 mg/L de IAA e 0,5 mg/L de cinetina. Os rebentos foram enraizados em meio MS suplementado com 1-2 mg/L NAA. As plântulas enraizadas foram envasadas e aclimatizadas numa câmara de crescimento e depois transferidas para a estufa.

M. Pan e J. Van Staden descobriram que existem duas vias principais de regeneração de plantas *in vitro*: a micropropagação e a embriogénese. Ambas resultam na produção de plantas não quiméricas e fiéis ao tipo, que constituem populações clonais, e foram utilizadas para desenvolver métodos eficientes de propagação clonal rápida de uma grande variedade de espécies herbáceas dicotiledóneas e perenes. A utilização de um bioreactor leva ao desenvolvimento de tecnologia adequada para a propagação de plantas em grande escala. A biologia e a engenharia da produção em massa de plantas *in vitro* por micropropagação e embriogénese somática foram discutidas, e a construção básica e as caraterísticas de vários tipos de sistemas de biorreactores foram descritas neste documento.

E Tateo, M. Mariotti, M. Bononi, E. Lubians. Martello e L. Cornara foi estudado o conteúdo foliar do edulcorante esteviosídeo em relação às caraterísticas morfológicas de plantas de Stevia *rebaudiana* (Bertoni) cultivadas em uma das áreas mais produtivas do Paraguai. A determinação quantitativa de esteviosídeo por HPLC foi realizada em folhas secas de 13 tipos de plantas morfologicamente diferentes. Os teores médios de esteviosídeo nas folhas secas variaram de 102,3 a 134,6 g kg* Esta variabilidade (cerca de 30% em relação ao valor mínimo), relacionada com a relação entre o peso da folha e o da parte aérea inteira, forneceu a primeira informação útil para associar os tipos de hábitos de crescimento com a produção de esteviosídeo.

João Carlos Bespalhok Filho e Kazumi Hattori descobriram que a embriogénese somática foi obtida a partir de explantes de floretes de Stevia rebaudiana cultivados em meio MS suplementado com 2,4-D (9,05 e 18,10 μM) e cinetina (0 a 9,29 μM). Em meio suplementado com 9,05 μM de 2,4-D, ocorreu a formação máxima de calos embriogênicos em meio sem cinetina. Em meio suplementado com 18,10 μM de 2,4-D, o melhor tratamento foi 2,32 μM de cinetina. Os calos embriogénicos começaram na base da corola e do ovário. As secções histológicas mostraram uma rede fibrilar na superfície dos proembriões somáticos. Propõe-se uma origem unicelular dos embriões somáticos

***Estudos* MOLECULARES:**

As folhas de *Stevia rebaudiana* Bertoni acumulam uma mistura de pelo menos oito glicosídeos diferentes derivados do diterpeno tetracíclico esteviol. Estes produtos naturais têm um sabor intensamente doce e têm origens biossintéticas semelhantes às do ácido giberélico (GA). As etapas iniciais que conduzem à formação de GA resultam da ciclização em duas fases do geranilgeranil difosfato (GGDP) em (-)-kaureno através da ação de duas terpeno ciclases (-)-copalil difosfato sintase (CPS) e (-)-kaureno sintase (KS). A biossíntese do esteviol utiliza provavelmente o mesmo mecanismo, embora os genes e as enzimas de *S. rebaudiana* envolvidos na ciclização do GGDP não tenham sido caracterizados. Richman *et al.* (1999) isolaram os genes CPS e KS de *S. rebaudiana* e descobriram que CPS e KS recombinantes eram cataliticamente ativos, sugerindo que os genes CPS e KS participam da biossíntese de esteviol. Os genes que codificam a CPS e a KS estão normalmente presentes em cópias únicas na maioria das espécies vegetais e a sua expressão é normalmente baixa e limitada aos tecidos de crescimento rápido. O gene KS foi duplicado no genoma de *S. rebaudiana* e ambos os genes KS e CPS são altamente expressos em folhas maduras, um padrão oposto ao encontrado na biossíntese de GA. Esse padrão pode, pelo menos em parte, levar à separação temporal e espacial da biossíntese de GA e esteviol e provavelmente ajuda a evitar que a superexpressão interfira no metabolismo normal de GA. Os resultados do grupo mostraram que CPS e KS fazem parte da via biossintética de glicosídeos de esteviol e que *Stevia rebaudiana* recrutou dois genes para o metabolismo secundário de uma via altamente regulada envolvida na biossíntese de hormonas. Ma *et al.* (1986) relataram a clonagem e caraterização de uma UDP-glucose flavonoide glucosiltransferase (srUFGT) em *Stevia rebaudiana.* O cDNA isolado tinha 1419 pb de comprimento e codificava 473 aminoácidos deduzidos, com uma massa molecular prevista de 53,2 kDa. Os produtos da tradução *in vitro* a partir de um vetor de expressão tinham atividade antocianidina e esteviol glucosiltransferase. A comparação da atividade da UDP-glucosiltransferase recombinante em relação a uma gama de substratos aceitadores sugere que pode participar na síntese de glicosídeos de esteviol. Os resultados apoiam a hipótese de que as glucosiltransferases de flavonóides, que têm uma ampla especificidade de substrato, podem não só estar envolvidas na glucosilação de flavonóides, mas também desempenhar um papel na produção de glicosídeos de esteviol solúveis em água em *S. rebaudiana*.

Capítulo III

MATERIAL E MÉTODOS

O presente estudo teve como objetivo o desenvolvimento de protocolos para a micropropagação de *Stevia rebaudiana.* O presente trabalho foi efectuado no laboratório de cultura de tecidos da Faculdade de Biotecnologia da Universidade Agrícola de Birsa. A Universidade Agrícola de Birsa situa-se a uma altitude de 625 m acima do nível médio das águas do mar, a 23^0 17' de latitude norte e 85^0 19' de longitude leste, numa zona climática sub-húmida e subtropical.

3.1 Material

3.1. 1Planta-mãe

A planta-mãe é uma fonte de explantes (a planta da qual os explantes são retirados é chamada de planta-mãe). Geralmente, as plantas-mãe eram selecionadas pelo seu aspeto fenotípico. As principais caraterísticas da planta-mãe para a seleção consistiam em vários parâmetros, tais como: ausência de doenças e pragas, idade da planta-mãe, tamanho do explante, etc. As plantas-mãe utilizadas tinham 2-7 semanas de idade. A altura das plantas *de Stevia rebaudiana* era de 25-30 cm. A planta-mãe utilizada neste estudo foi obtida num local adequado do viveiro da Faculdade de Biotecnologia, B.A.U., Kanke, Ranchi. Como mostra a **figura no.-1**

3.1. 2Explantar

Os ramos juvenis dos rebentos apicais e auxiliares e as folhas dos rebentos de *Stevia rebaudiana* foram recolhidos no campus da Faculdade de Biotecnologia.

3.1.3Constituintes do meio basal

Na presente análise, foram utilizadas modificações dos meios desenvolvidos por Murashige e Skoog (1962). A composição dos meios MS é apresentada nos **quadros 3.1** e **3.2.**

Quadro 3.1: Composição do meio de Morashige e Skoog (1962)

Macronutrientes inorgânicos	*mg/litro.*	*Molaridade (M)*
$NH_4 NO_3$	1650	0.412
KNO_3	1900	0.376
$CaCl_2 . 2H 0_2$	400	400
$KH_2 PO_4$	170	0.025
$MgSO_4 .7H O_2$	370	0.030
Macronutrientes inorgânicos		
$MnSO_4 . 4H O_2$	*22.30*	22.30
$Zn SO_4 . 7H O_2$	*8.60*	0.0059
$H_3 BO_3$	*6.20*	0.02
KI	*0.83*	0.005
$CuSO_4 .5H O_2$	*0.025*	0.000020
$COCl_2 . 6H O_2$	*0.025*	0.000021
$Na_2 MO_4 .2H O_2$	*0.25*	0.00020
Agente quelante		
$FeSO_4 . 7 H O_2$	*27.85*	0.02
Na_2 EDTA	*37.25*	0.0198
Nutrientes orgânicos		
Mio-inositol	*10*	0.111
Glicina	*2*	0.00532
Vitaminas		
Ácido nicotínico	*0.5*	0.00073
Piridoxina HCL	*0.5*	0.000486
Tiamina HCL	*0.1*	0.00006
Sacarose	*30000*	30000mg/l

Foi utilizado um agente gelificante, ágar em pó a 0,7%, para solidificar os meios

3.2 Métodos

3.2.1 Preparação da solução-mãe

Para utilizações regulares, a solução de reserva de macronutrientes, micronutrientes, suplemento orgânico e fonte de ferro foi preparada separadamente. Cada constituinte foi dissolvido primeiro e depois misturado para evitar a precipitação. Pesa-se Na_2 EDTA.$2H_2$ O e dissolve-se em água quente e, ao mesmo tempo, mistura-se e aquece-se o peso adequado de Fe SO_4 .7 H_2 O até se obter uma solução límpida. A solução de reserva das fontes de ferro foi mantida num frasco de cor âmbar na obscuridade.

Os micronutrientes inorgânicos foram necessários em pequenas quantidades que são demasiado pequenas para serem pesadas na balança. Para obter esta quantidade, preparou-se separadamente uma solução-mãe em água bidestilada e utilizou-se a quantidade necessária.

Todas as soluções de reserva foram mantidas a 4^0 C, e as hormonas de crescimento foram mantidas a menos 20^0 C num congelador profundo. Desta forma, a solução de reserva de macronutrientes foi 50 vezes e outras soluções de reserva foram 100 vezes mais concentradas do que o necessário. Os pormenores da solução de reserva são apresentados no **Quadro 3.2**, **Quadro 3.3** e **Quadro 3.4**.

Quadro 3.2: Solução de reserva de micronutrientes inorgânicos do meio MS basal
Solução-mãe I (macronutriente inorgânico)

Macronutrientes inorgânicos	*Quantidade para o meio MS (mg/l)*	*Quantificar para meio MS 10X (mg/l)*	*Quantidade para a preparação de 500 ml (mg)*	*Quantidade utilizada ml/l*
NH_4 NO $_3$	1650	16500	8250	100
KNO_3	1900	19000	9500	100
CaCl 2H O $_{22}$	400	4000	2000	100
KH_2 PO $_4$	170	1700	8050	100
MgSO 7H O $_{42}$	370	3700	1850	100

Quadro 3.3: Solução de reserva de macronutrientes inorgânicos, agente quelante e vitaminas do meio basal MS
Solução-mãe II (micronutrientes inorgânicos)

Micronutrientes inorgânicos	*Quantidade para o meio MS (mg/l)*	*Quantidade para 100 x meio MS (mg/l)*	*Quantidade para preparar 500 ml de caldo ml (mg)*	*Quantidade utilizada ml/l*
KI	0.83	83	41.50	10
H_3 BO_3	6.20	620	310	10
$MnSO_4$ 4 H O $_2$	22.30	2230	1115	10
ZnSO 7H O $_{42}$	8.60	860	430	10
Ma_2 MoO 2H O_{42}	0.25	25	12.5	10
CuSO 5H O $_{42}$	0.025	2.5	1.25	10
COCl 6H O_{22}	0.025	2.5	1.25	10
Solução-mãe III (Vitaminas)				
Mioinositol	100	10000	500	10
Ácido nicotínico	0.5	50	25	10
Tiamina HCL	1.00	100	50	10
Piridoxina HCl	0.5	50	25	10
Glicina	2.0	20	10	10
Solução-mãe IV (agente quelante)				
$FeSO_4$ 7 H O_2	27.80	2780	1390	10
Na_2 EDTA H O_{22}	37.30	3730	1865	10

3.2. 2Solução em stock de reguladores de crescimento

A solução de reserva de todos os reguladores de crescimento foi preparada e adicionada separadamente aquando da preparação dos meios.

3.2.3Preparação de meios nutritivos a partir da solução-mãe

Para a preparação dos meios de cultura, todos os objectos de vidro foram devidamente limpos com detergente e, finalmente, com água destilada e secos numa estufa de ar quente a 60° C. O material de vidro, a proveta e a pipeta foram dispostos corretamente na sala de preparação dos meios. Foram medidos os volumes necessários da solução-mãe. Depois de adicionar cada solução de reserva, a pipeta foi limpa com água destilada.

Hormonas exógenas como BAP, $AdSO_4$, NAA, IAA, etc. foram usadas em diferentes concentrações e combinações conforme as necessidades. Diferentes regimes hormonais foram preparados tanto para a germinação como para o enraizamento de combinações envolvendo o sulfato de adenina. Na nossa análise, o sulfato de adenina foi usado como um aditivo.

Foram adicionados 30 gramas de sacarose devidamente dissolvida em meio MS basal e foi feito um volume final de um litro. Após a preparação do meio, o pH foi ajustado a 5,8 para *Stevia rebaudiana,* por adição de HCl 0,1 N ou NaOH 0,1 N. Os meios para o estabelecimento de culturas de ambos os materiais foram solidificados com pó de ágar 0,7% (p/v). Os meios com ágar dissolvido foram vertidos em garrafas de cultura (300 ml com gargalo) e tapados.

Todos os instrumentos (bisturi, pinças), placas de Petri e meios foram autoclavados durante 15 minutos a 1,05 kg/cm^2 pressão. Serão preparadas várias combinações hormonais em combinação e/ou separadamente, tal como descrito na preparação dos meios MS, e monitorizada a resposta em termos de crescimento e multiplicação. As combinações de hormonas a utilizar serão as seguintes

Meio Concentração da hormona (μM)
Meio Basal Sem Hormona
NAA 1,1 a 13,3 (incremento de 1,1 μM)
BAP 1.1 a 13.3 (incremento de 1.1 μM)
BAP + NAA 1,1 a 13,3 (incremento de 1,1 μM)

Serão preparadas várias combinações hormonais em combinação e/ou separadamente, tal como descrito na preparação dos meios MS, e monitorizada a resposta no que diz respeito ao crescimento e à multiplicação das raízes. As combinações de hormonas serão utilizadas da seguinte forma

Meio Concentração de hormonas (μM)
Meio Basal Sem Hormona
NAA 1,1 a 13,3 (incremento de 1,1 μM)
BAP 1.1 a 13.3 (incremento de 1.1 μM)
BAP + NA 1,1 a 13,3 (incremento de 1,1 μM)
IAA 1.1 a 13.3 (incremento de 1.1 μM)

3.2.4 Esterilização superficial de explantes:

Os materiais dos explantes foram recolhidos de plantas-mãe. Após a recolha, procedeu-se a uma lavagem cuidadosa em água corrente da torneira durante 2-3 vezes, seguida de uma lavagem em água destilada contendo uma baixa concentração de um humidificante não fitotóxico, para tornar a esterilização subsequente mais eficaz para matar os contaminantes da superfície.

No presente estudo, foram utilizadas diferentes concentrações de cloreto de mercúrio ($HgCl_2$) durante diferentes períodos de tempo. O tratamento em solução aquosa de Bavistin a 0,5%, um fungicida sistemático, também foi efectuado durante 20 minutos.

3.2. 5Inoculação

Após a esterilização da superfície, os explantes de *Stevia rebaudiana* foram deixados em papel de filtro húmido em placas de Petri esterilizadas. Os rebentos segmentados dos discos nodais e internodais foram aparados e todas as folhas semelhantes a escamas foram removidas com a ajuda de pinças esterilizadas e bisturi. Os materiais foram inoculados no meio para induzir a quebra de rebentos. Todo o procedimento foi efectuado assepticamente numa bancada de fluxo de ar laminar.

3.2. 6Condição cultural

Cada experiência para a *Stevia rebaudiana* foi estabelecida com 5 réplicas e repetida duas vezes. As culturas foram cultivadas sob luz de 3000 lux do tubo fluorescente Phillips durante 16 horas de luz e 8 horas de escuridão. A temperatura ambiente foi mantida a 25 ± 2^0 C e a humidade relativa foi de aproximadamente 55%.

3.2. 7Subcultura

As pontas de rebentos de *Stevia rebaudiana* foram transferidas para um novo frasco com o mesmo meio devido à exsudação excessiva de fenólicos até esta ser ultrapassada e subcultivadas de 30 em 30 dias. Os calos foram submetidos a subcultura de 15 em 15 dias.

3.2. 8Raizamento

As plântulas com 2-4 folhas completamente desenvolvidas foram transferidas para o meio de enraizamento para o início e desenvolvimento das raízes.

3.2. 9Valor do índice de crescimento

A taxa do índice de crescimento da *Stevia rebaudiana* foi medida em intervalos de 15 dias, começando no dia 15th até o dia 90th . O peso fresco foi tomado para evitar o sacrifício dos calos. Para obter o peso inicial e final, cada frasco contendo meios de cultura foi pesado duas vezes, isto é, antes e depois da inoculação. Os valores da medição anterior foram deduzidos do valor da medição posterior para obter o peso dos explantes ou calos. Uma garrafa contendo a mesma quantidade de meio sem material foi mantida simultaneamente com cada garrafa com material, sob as mesmas condições culturais, para obter a perda de peso do meio devido à secagem. O peso dessas garrafas foi medido no mesmo intervalo de dias e o peso perdido obtido foi adicionado ao peso de cada leitura para obter o valor de crescimento sem erros dos materiais. O valor do índice de crescimento foi medido através da seguinte fórmula

$$\text{Índice de crescimento (I.G.)} = \frac{\text{Média final Peso fresco} - \text{Média inicial Peso fresco}}{\text{Peso fresco inicial médio}} \times 100$$

3. 3Observações

As culturas foram examinadas periodicamente e a resposta foi registada com base em observações visuais. O efeito dos diferentes tratamentos foi notado através da observação das respostas na cultura e os dados assim registados foram representados como percentagem média e número médio.

3.3. 1Esterilização de superfícies

Os materiais de explantação foram recolhidos de plantas-mãe. Após a recolha, lavar cuidadosamente em água corrente da torneira 3-4 vezes, seguido de lavagem em água destilada contendo uma baixa concentração de um humidificador não fitotóxico, para tornar a esterilização subsequente mais eficaz para matar os contaminantes da superfície.

Na presente experiência, utilizou-se 0,5% de uma solução aquosa de teepol como agente molhante e lavou-se com água corrente da torneira durante 3-4 vezes. Para este efeito, são utilizados vários agentes esterilizantes, como a solução de cloreto de mercúrio (0,025 - 0,2% p/v).

No presente estudo, foram utilizadas diferentes concentrações de cloreto de mercúrio ($HgCl_2$) durante diferentes períodos de tempo. O tratamento em solução aquosa de 0,5% de Bavistin, um fungicida sistemático, foi utilizado durante 20 minutos.

Foi observado o efeito de diferentes concentrações, nomeadamente 0,025, 0,05%, 0,1 e 0,2 %, em relação ao período de tempo de 5, 10, 15 e 20 minutos, e foi registada a percentagem de explantes descontaminados obtida após uma semana, bem como a percentagem de explantes descontaminados com rebentos partidos obtida após 10 dias de cultura asséptica.

3.3.2Bud Proliferação

Os explantes esterilizados superficialmente foram inoculados assepticamente em meio MS basal. O efeito de diferentes concentrações de citocininas (BAP) na proliferação asséptica de gemas após quatro semanas de inoculação foi observado e registado como percentagem de explantes que apresentam quebra de gemas e número de proliferação de gemas após quatro semanas.

3.3.3Efeito do meio basal

O meio basal foi experimentado para a micropropagação de *Stevia rebaudiana*. O meio basal de Murashige e Skoog (1962), o seu efeito na proliferação de gemas foi observado e a percentagem de explantes que mostram proliferação de gemas, bem como o número de proliferação de gemas, foi registado.

3.3. 4Multiplicação de rebentos

A multiplicação de rebentos de *Stevia rebaudiana* em meio MS basal incorporado com diferentes concentrações de BAP em combinação com $AdSO_4$ foi experimentada e o seu efeito na multiplicação de rebentos foi registado como número.

3.3. 5Iniciação da raiz

A iniciação de raízes *in vitro* foi estudada na influência de diferentes concentrações de NAA e BAP incorporadas no meio basal MS para *Stevia rebaudiana* e a observação foi registada como percentagem de rebentos que mostram enraizamento e número de raízes por rebentos.

3.3. 6Resposta de chamada

Os calos produzidos pelos diferentes explantes de *Stevia rebaudiana*, nomeadamente pontas de rebentos, folhas jovens e folhas maduras, sob a influência de BAP incorporado no meio MS basal, foram observados e registados como valor percentual no índice de crescimento.

3.3. 7Análise estatística

A significância dos dados observados nos diferentes tratamentos foi analisada estatisticamente de acordo com o método de Panse e Sukhatme (1989), calculada para S.Em, C.V., C.D. de acordo com a fórmula abaixo

Erro padrão da média

$$\text{S. Em} = \sqrt{\frac{\text{Desvio devido a erro}}{r}}$$

Onde S.Em = Erro padrão da média
r= número de réplicas

Diferença crítica (CD)

Para comparar a média da variância com o tratamento, é necessário calcular as diferenças críticas da seguinte forma

CD = S.Em x t a 5% ou 1% com erro d.f.

Em que S.Em é o erro padrão da diferença dos tratamentos a comparar e, por conseguinte

$$\text{(i) S.Em} = \sqrt{\frac{\text{2x Erro soma média dos quadrados}}{\text{Número de réplicas}}}$$

(ii) "t" a 1% é o valor tabular

3.4.1 Fotografia das fases de cultura

Foram tiradas fotografias de quase todas as fases para apoiar o presente inquérito.

Capítulo IV

RESULTADOS E DISCUSSÃO

Para desenvolver o protocolo de micropropagação de *Stevia rebaudiana* (Bertoni), *o* processo de padronização foi realizado para diferentes tipos de explantes, concentração de agentes esterilizantes de superfície, período de tempo do meio basal e hormona de crescimento. Os dados foram analisados estatisticamente e os resultados obtidos foram discutidos à luz da literatura disponível.

4.1.1. O explante

Um explante é um pedaço de uma planta a partir do qual se inicia uma cultura. Os explantes utilizados no presente trabalho de investigação foram botões apicais, botões laterais, pontas de rebentos, bem como folhas jovens e maduras. Estes foram obtidos entre uma semana e sete semanas de idade a partir de plantas fenotipicamente sãs. Os botões apicais e auxiliares foram cultivados *in vitro* para obter rebentos múltiplos. Observa-se que o gomo auxiliar produziu mais proliferação de gomos e rebentos múltiplos do que os gomos apicais e os resultados são apresentados nos quadros 4.4 e 4.6; enquanto que as folhas jovens e maduras submetidas a calcinação *in vitro* produziram mais calos em comparação com as folhas maduras (**quadro 4.7**), **como se pode ver na figura n.º -2**

O resultado em relação à adequação de um explante utilizado na micropropagação de *Stevia rebaudiana* mostrou semelhanças com trabalhadores anteriores que utilizaram diferentes partes da planta como explantes, como a formação de calos a partir de folhas por Ferreirra e Handro, 1987; Ferreirra e Handro, 1988; Yang e chang, 1979; Hattori kazumi et al, 1991; rebento auxiliar por Bespalpok et al., 1992; ponta de rebento por Tamaura et al., 1984; segmento nodal por Swanson Steven, M.et al., 1991.

4.1. 2Esterilização de superfícies

Antes da inoculação no meio de micropropagação, os explantes foram esterilizados superficialmente para eliminar o micro-organismo. Os resultados relativos à esterilização da superfície dos brotos auxiliares e apicais de Stevia rebaudiana em diferentes concentrações de $HgCl_2$ (0,025, 0,05%, 0,1%, 0,15 e 0,2%) por diferentes períodos de tempo (5, 10, 15 e 20 minutos) são apresentados na **Tabela 4.1** e na **Tabela 4.2**. A análise dos dados indicou uma maior influência do $HgCl_2$ na descontaminação, que aumentou com o aumento da concentração de $HgCl_2$ e do período de tempo. A percentagem de descontaminação varia entre 20,75 e 91,00 em relação ao tempo de 5 min. a 2o min. respetivamente. Mas depois de uma certa limitação da concentração de $HgCl_2$ e do tempo, tornou-se nocivo para o material de inoculação e diminuiu a percentagem de sobrevivência com o aumento da concentração de $HgCl_2$ e do tempo, como se mostra na tabela 4.3 e na tabela 4.4). Houve uma limitação da concentração de HgCl2 e do tempo para *Stevia rebaudiana*, foi além da concentração de 0,1% de $HgCl_2$ e além de 10 min. respetivamente. A percentagem máxima de descontaminação (90 %) foi observada a 0,2% de $HgCl_2$ no tempo 20 min. e a percentagem mínima 20,75 % a 0,025% em 5 min., no caso do rebento e máxima 90,75% e mínima 15,75% a 0,2% e 0,0235% de HgCL2 em 20min. e 5 min. respetivamente no caso das folhas. Mas a percentagem máxima de sobrevivência foi observada aos 10 e 15 minutos com 0,1% de HgCl2 nas pontas dos rebentos e nas folhas, respetivamente. (Mostrado na **Tabela 4.3** e **Tabela 4.4**). Assim, 0,1% de $HgCl_2$ foi tratado durante 10 minutos, o que foi considerado altamente significativo em relação a todos os outros tratamentos e tempos.

Mas, no que diz respeito à quebra de botões auxiliares e apicais da *Stevia*, (**Figura nº** 4) observa-se que 0,1% $HgCl_2$ tratado durante 10 minutos deu a percentagem mais elevada de 80,65% para o botão auxiliar e 85,65% para o botão apical após 10 dias na cultura de rebentos e após 30 dias no meio de cultura de calos e os tratamentos são altamente significativos em comparação com outros tratamentos. Por conseguinte, o melhor tratamento para a esterilização da superfície dos gomos auxiliares apicais, bem como das folhas de *Stevia,* é 0,1% $HgCl_2$ tratado durante 10 minutos.

Efeito da exsudação fenólica:-

Os explantes foram selecionados para inoculação e observou-se a percentagem de sobrevivência dos explantes contra a exsudação fenólica. Os explantes subcultivados em relação aos explantes não subcultivados, como mostra a **tabela no. 4.5**. Os explantes com uma semana a sete semanas de idade foram tomados como material de inoculação e os dados observados são apresentados na **tabela n.º 4.5. 4.5**. mostram que os explantes mais jovens (explantes com uma a três semanas de idade) exsudam comparativamente mais compostos fenólicos do que os explantes mais velhos (com quatro a sete semanas de idade). Observou-se que, em última análise, isso afecta a percentagem de sobrevivência dos explantes inoculados nos diferentes meios que contêm combinações hormonais. Os explantes com maior exsudação apresentam uma percentagem de sobrevivência mais baixa (20 a 64%, explante com uma a três semanas de idade) do que os explantes com menor exsudação (quatro a sete semanas de idade) (40 a 64%).

Efeito da subcultura na sobrevivência dos explantes inoculados

Também foi demonstrado que a frequência da subcultura afecta a percentagem de sobrevivência dos explantes inoculados. Os explantes sem subcultura mostram uma percentagem de sobrevivência mais baixa, como no caso (como se mostra no **quadro 4.5**) dos explantes com uma semana de idade sem subcultura mostram 22,5% e com explantes com subcultura 45% de sobrevivência e assim por diante. A *estévia* requereu a primeira subcultura no dia seguinte à inoculação para obter melhores resultados e a segunda em intervalos de quinze dias. Os explantes de subcultura proporcionaram uma melhor multiplicação de rebentos e formação de raízes. Os dados do quadro geral mostram que os explantes com quatro a cinco semanas de idade deram melhores resultados em ambos os casos, sem subcultura e com subcultura, do que os outros explantes selecionados por idade.

Quebra de botões e formação de rebentos-

Os vários meios de combinação hormonal deram diferentes percentagens de rebentação e formação de rebentos por explante. A abertura de gemas e a formação de brotos observadas em diferentes combinações fito-hormonais, como BAP junto, BAP + NAA e BAP + Sulfato de Adenina ($AdSO_4$), entre a faixa de 1,1μM a 13,3μM de BAP, 1,1 a 13,3+1,3 a 16,1μM de BAP+NAA e 1,1 a 13,3μM +24,7 a 61,8μM de Sulfato de Adenina. Juntamente com estes, a frequência de subcultura também afecta a quebra de botões e a formação de rebentos por explantes. A porcentagem máxima de quebra de brotos e formação de brotos por explantes foi observada no meio contendo BAP13.3μM +ADS 61.82μM e BAP 13.3μM +NAA 5.3μM, e BAP 13.3μM como mostrado na **Tabela 4.6**, **Tabela** 4.7, **Tabela** 4.8, **Tabela** 4.9, **Tabela** 4. 10, **Tabela** 4.11 e **figura No. 5, 6 e 7.** A quebra de brotos e a formação de brotos por explante não foram encontradas em meios que não continham fitohormônios de tiro, como o BAP, conforme mostrado na tabela no. 4.6. A percentagem de rebentação no caso de BAP varia entre 11,0 e 74, no caso de BAP + ADS varia entre 20 e 86 e no caso de BAP + NAA entre 15 e 85. Na mesma proporção, o número de rebentos por explante varia com a combinação e a concentração de fito-hormonas, como se mostra no **Quadro 4.6** a **Quadro 4.11** abaixo. O número de rebentos por explante varia entre 2,5 e 16,5 no caso de NAA+BAP e a percentagem máxima observada a 10,7+13,3μM. Da mesma forma, no caso de BAP+ADS, BAP ao longo observado. Como mostra a **figura nº 8.** Portanto, o BAP+ADS (13,3μM + 61,8μM), BAP+NAA (13,3μM +10,7μM) foram os melhores para usar na micropropagação in vitro de *Stevia rebaudiana* porque dão melhores resultados nessas combinações mostradas nas **figuras 9 e 10**.

Muitas das plantas importantes das quais podem ser derivados produtos medicinais, que foram objeto de experiências de micropropagação (Chaturvedi et.al., 1982; Chomchalow e Sahavacharin, 1982; Nakagawa et.al., 1982). A quebra de rebentos e a proliferação de rebentos foi encontrada em combinação de BAP e sulfato de adenina, assim como com NAA. Chaturvedi e sinha em 1979 estabeleceram a multiplicação do crescimento de rebentos a partir de um único nó e ponta de rebento de explante em Dioscoprea floribunda. Vários autores registaram a utilização bem sucedida de sulfato de adenina como citocina (panda et al., 1989; Rout e Das, 1994; Das e Das, 1992; Patra et al., 1998) para a quebra de rebentos, proliferação de rebentos e multiplicação.

Formação de calosidades e calosidades:-

As fitohormonas NAA e BAP foram utilizadas isoladamente e em combinação, mas nem todas deram uma resposta positiva em todas as combinações de meios (**Quadro 11**). O enrolamento e o inchaço das folhas foram observados num intervalo de 7 a 15 dias após a inoculação dos explantes. Apenas o enrolamento e o inchaço foram observados em ordem ascendente de concentração de BAP e NAA sozinhos. Como indicado na **Tabela 11**. O inchaço, ondulação e a formação de calos foram observados na combinação de BAP e NAA nos seguintes meios 2.2μM + 2.6μM, 4.4μM + 5.37μM, 8.8μM + 5.37μM, 8.8μM + 10.7μM e 13.3μM + 10.7μM de concentração das respectivas fitohormonas como mostrado na **Tabela No. 11**. A melhor iniciação de calos foi observada nos meios contendo 13,3μM + 10,7μM e 2,2μM + 2,6μM de BAP e NAA respetivamente. Os calos eram de cor verde clara e branca. Como mostrado nas **figuras no. 11, 12, e 13.**

Iniciação da raiz e formação da raiz

Observou-se a formação de raízes com os fitohormônios IAA, NAA e NAA junto com BAP. A **Tabela no. 4.12**; **Tabela no.** 4.13 e **Tabela no.** 4.14 mostram que a formação de raízes no caso da *Stevia rebaudiana* começou após três a quatro semanas de inoculação de rebentos em meios de enraizamento que contêm auxina em maior percentagem do que a citocinina. A formação de raízes no caso de *Stevia* observou 1.4μM a 17.1μM no caso de IAA; 1.3μM a 16.6μM no caso de NAA e na combinação de NAA e BAP como mostrado na **Tabela no. 4.14**. A percentagem máxima de formação de raízes observada a 17.1μM, 16.1μM e 16.1μM + 10.7μM (90.5%, 90.5% e 85.5%) de IAA, NAA e NAA+BAP respetivamente às seis semanas após a inoculação no meio de enraizamento. O intervalo de iniciação de raízes encontrado às quatro semanas e às seis semanas foi de 31,5% a 80,5% e 61,25% a 90,5%, respetivamente. O número de raízes observado por explante variou de 3,5 a 8,5 na quarta semana e de 6,5 a 15 na sexta semana (**Figuras 13 e 14**). A percentagem máxima de raiz por explante observada a 17,1μM, 16,1μM e 16,1μM + 10,7μM de IAA, NAA e NAA+BAP respetivamente. Portanto, os melhores resultados foram observados em 17.1μM, 16.1μM e 16.1μM +10.7μM de IAA, NAA e NAA+BAP respetivamente. Como mostrado na **Figura no. 13 e 14.**

Percentagem de sobrevivência da Stevia em estufa:

Após a emergência da raiz, as plantas enraizadas foram transferidas para a câmara de nebulização durante 15 a 20 dias, em vasos cheios de turfa de coca e areia. Foram transferidas para a estufa de rede durante 10 a 15 dias. Estas plantas de estufa estão prontas para serem cultivadas no campo. Do vaso para o campo, a percentagem de sobrevivência observada da Stevia foi de 70 percentagens, como **mostra a figura nº 14.**

Tabela: 4.1, Efeito de diferentes concentrações de Hgcl2 e duração do tratamento na % de descontaminação de rebentos.

concentração de $HgCl_2$	5 min	10 min	15 min	20 min
0.025 %	20.75	30.75	41.00	50.75
0.05 %	29.25	46.75	65.75	74.00
0.1 %	40.75	55.55	70.75	80.75
0.2 %	50.75	66.25	79.00	91.00
SEm	0.676	0.623	0.628	2.14
CD1%	4.02	3.70	3.73	12.73

** Observação efectuada após uma semana. ** Número de repetições quatro.

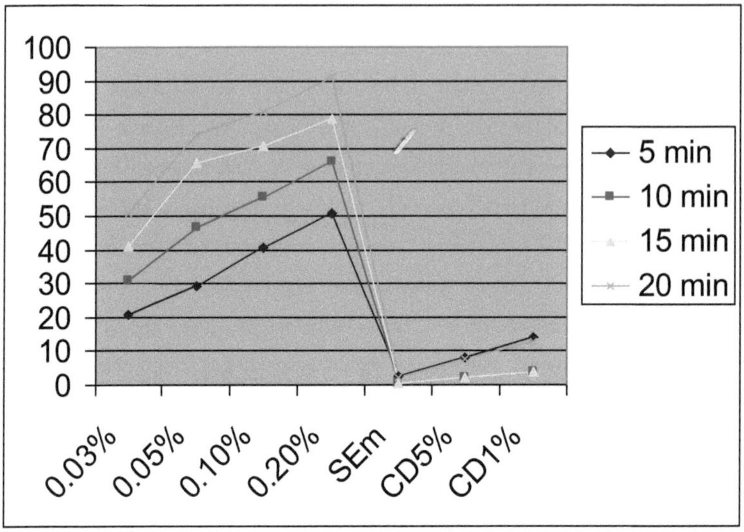

Gráfico:- Efeito de diferentes concentrações de Hgcl2 e duração do tratamento na % de descontaminação dos rebentos.

Tabela:4.2, Efeito de diferentes concentrações de Hgcl2 e duração do tratamento na % de descontaminação das folhas.

concentração de $HgCl_2$	5 min	10 min	15 min	20 min
0.025 %	15.75	31.00	40.50	51.00
0.05 %	21.25	44.50	55.50	60.50
0.1 %	35.50	65.50	75.50	81.00
0.2 %	45.50	75.50	81.25	90.75
SEm	0.560	0.456	0.442	0.563
CD1%	3.36	2.71	2.61	3.40

Observação efectuada após uma semana. ** Número de repetições: quatro.

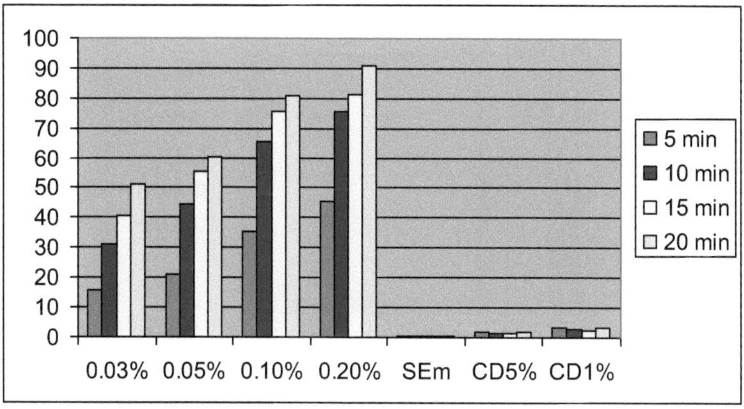

Gráfico: - Efeito de diferentes concentrações de $HgCl_2$ e duração do tratamento na percentagem de descontaminação das folhas.

Tabela:4.3, Efeito de diferentes concentrações de $HgCl_2$ e duração do tratamento na % de sobrevivência do rebento.

concentração de $HgCl_2$	5 min	10 min	15 min	20 min
0.025 %	17.25	22.50	35.50	45.50
0.05 %	26.50	35.50	63.75	61.00
0.1 %	44.50	65.50	65.50	58.75
0.2 %	61.00	62.50	61.25	53.00
SEm	0.603	0.407	0.632	0.406
CD1%	3.57	2.30	3.71	2.38

Observação efectuada após uma semana. ** Número de repetições: quatro.

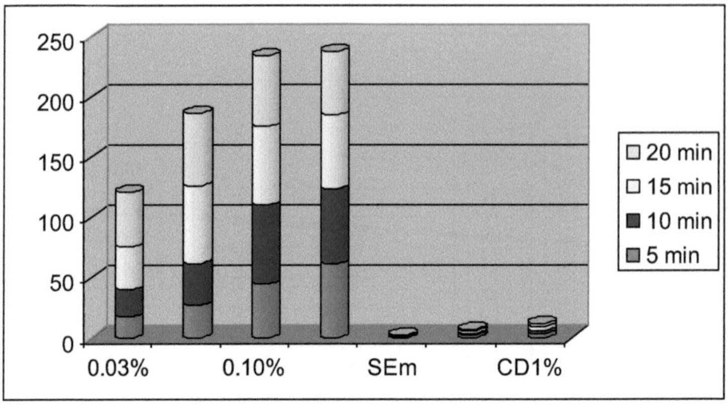

Gráfico: - Efeito de diferentes concentrações de HgCl2 e duração do tratamento na % de descontaminação das folhas.

Tabela: 4.4 Efeito de diferentes concentrações de $HgCl_2$ e duração do tratamento na percentagem de sobrevivência das folhas.

concentração de $HgCl_2$	5 min	10 min	15 min	20 min
0.025 %	14.50	21.00	35.50	35.50
0.05 %	22.50	32.50	61.25	53.50
0.1 %	41.25	60.75	65.50	60.50
0.2 %	55.50	56.00	61.25	55.00
SEm	0.49	0.577	0.558	0.48
CD1%	2.91	3.43	3.32	2.85

Observação efectuada após uma semana. ** Número de repetições: quatro.

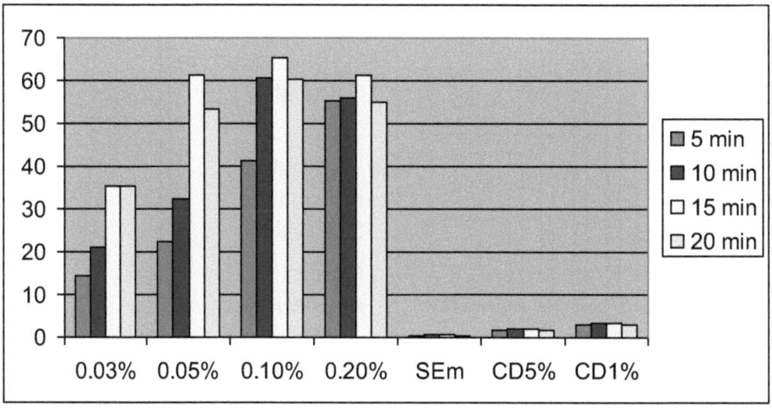

(**) → percentagem de sobrevivência

Gráfico: - Efeito de diferentes concentrações de $HgCl_2$ e duração do tratamento na percentagem de sobrevivência das folhas.

Quadro n.º -4.5 Efeito da idade, da exsudação fenólica e da subcultura dos explantes utilizados para a inoculação na percentagem de sobrevivência:-

Idade dos explantes (na semana)	Exsudação fenólica	Sem subcultura Sobrevivência %	Com a subcultura Sobrevivência %
01	++++	23.00	41.75
02	+++	34.75	61.00
03	+++	40.75	73.50
04	++	64.00	83.25
05	++	51.25	75.50
06	+	47.00	54.50
07	+	40.00	51.00
SEm		0.667	0.66
CD1%		2.54	2.50

Observação efectuada após uma semana. ** Número de repetições: quatro.

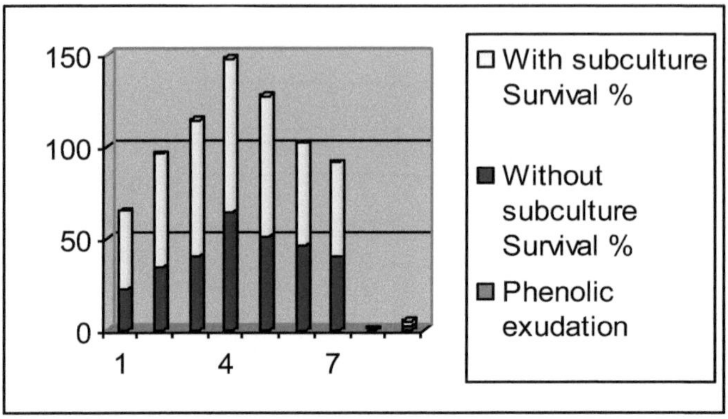

Gráfico: - Efeito da idade, da exsudação fenólica e da subcultura dos explantes utilizados para a inoculação na percentagem de sobrevivência

Tabela: 4.6 Efeito das diferentes concentrações de BAP e ADS na abertura de gemas e formação de rebentos:-

BAP → NAA conc.in □µM)	0.0	1.3	2.2	5.5	8.8	11.1	13.3
0.0	-	+	+	++	++	+++	++++
1.3	-	+	++	++	++	+++	++++
2.6	-	--	+	++	+++	++++	+++++
5.4	-	--	--	++	++	++++	+++++
8.0	-	--	--	+	++	+++	+++
10.7	-	--	-	--	+	-+++	+++
16.1	-	----	---	---	---	+	+
Adenina Sulphate(ADS)		-					
24.72	-	+	+	++	+++	+++	++++
61.87	-	+	++	+++	++++	++++	++++++

(----)=Sem resposta (+) =Eficiência da resposta.

Quadro 4.8 Efeito do BAP na percentagem de rebentação e multiplicação de rebentos em função do tempo:-

BAP(em μM)	2 semanas Quebra de rebentos %	4semana Quebra de rebentos %	6semana Quebra de rebentos %
1.11	11.00	20.75	51.00
2.22	15.50	34.00	60.50
4.44	21.00	34.00	64.00
5.55	25.50	50.50	65.50
11.1	35.50	61.00	71.00
13.3	41.00	64.50	74.50
SEm	0.473	0.55	0.485
CD1%	2.425	2.75	2.42

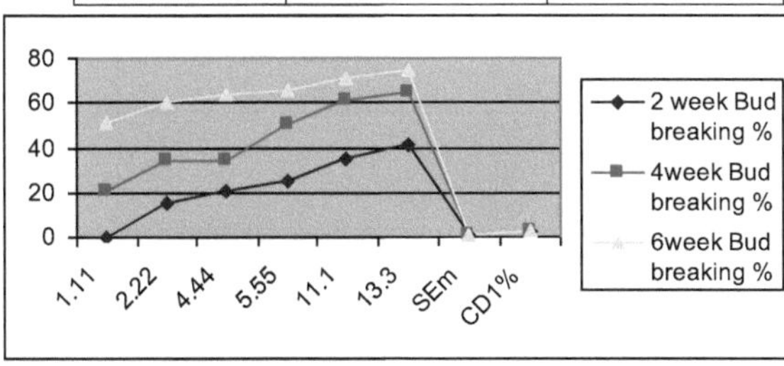

Gráfico: Efeito do BAP na percentagem de rebentação e multiplicação de rebentos em função do tempo

Quadro 4.9 Efeito da combinação das hormonas BAP e NAA na percentagem de rebentação e multiplicação de rebentos em função do tempo.

BAP+NAA(μM)	2 semanas	4semana	6semana
2.22+1.3	15.50	34.50	55.25
4.44+1.3	25.50	40.50	61.00
4.44+2.6	27.00	41.50	61.50
5.55+2.6	27.50	45.00	63.50
5.55+1.3	31.00	46.00	64.75
8.88+1.3	34.50	50.25	70.50
8.88+2.6	35.25	51.50	71.00
8.88+5.3	29.25	54.00	73.00
11.1+1.3	40.50	59.00	74.00
11.1+5.3	41.50	61.50	75.50
11.1+8.0	44.50	64.75	76.00
13.3+2.6	44.75	70.50	81.00
13.3+8.0	51.00	75.25	85.50
SEm	0.57	0.50	0.556
CD1%	1.52	1.33	1.47

Tabela 4.10 - Efeito da combinação das hormonas BAP e NAA na multiplicação de rebentos/explantes em função do tempo.

BAP+NAA(μM)	2 semanas	4semana	6semana
2.22+1.3	2.5	5.5	7.5
4.44+1.3	3.25	6.25	7.5
4.44+2.6	3.5	6.5	8.5
5.55+2.6	4.5	6.5	9.25
5.55+1.3	4.5	7.5	9.5
8.88+1.3	5.5	8.5	10.5
8.88+2.6	6.5	9.5	11.5
8.88+5.3	7.0	10.5	11.75
11.1+1.3	7.5	11.25	12.5
11.1+5.3	8.5	11.5	13.5
11.1+8.0	8.5	12.5	14.5
13.3+2.6	7.5	12.00	15.5
13.3+8.0	7.5	13.5	16.5
SEm	0.42	0.416	0.40
CD1%	1.11	1.10	1.06

Tabela 4.11 Efeito da combinação das hormonas BAP e ADS na percentagem de rebentação em função do tempo.

BAP+ADS(μM)	ADS	2 semanas	4semana	6semana
2.22	61.8	20.4	40.50	60.50
4.44	61.8	29.25	45.50	65.75
8.88	61.8	40.5	50.50	70.50
13.3	61.8	51.00	66.25	86.00
2.22	24.7	25.5	40.50	57.75
4.44	24.7	53.00	42.50	60.75
8.88	24.7	36.50	49.25	65.50
13.3	24.7	40.75	61.50	75.50
SEm		0.530	0.530	0.547
CD1%		1.90	1.90	1.95

**ADS = Sulfato de adenina.

Tabela -4.7 Efeitos do NAA e do BAP no enrolamento das folhas e na formação de calos:-

NAA □ BAP conc.em μM)	0.0	1.3	2.6	5.4	8.8	10.7	16.1
0.0	-	+	+	++	++	+++	+++
1.1	+	+++	+	+	++	+++	+++
2.2	+	+	∞∞∞∞	+	++	+++	+++
4.4	+	+	++	∞∞∞	++	+++	+++
5.6	++	++	++	++	++	∞∞	+++
8.8	++	++	++	++	+++	∞∞	+++
11.1	+++	+++	+++	+++	+++	+++	+++
13.3	+++	+++	+++	+++	+++	∞∞∞∞∞	+++

∞= calo + =enrolamento

Tabela 4.12 Efeito de IAA, n.º de raízes / explantes e percentagem de iniciação de raízes em rebentos excisados de *Stevia rebaudiana.*

NAA(em μM)	Enraizamento/explantação às 4 semanas	Enraizar/explantar às 6 semanas	iniciação radicular %às 4 semanas	iniciação radicular % às 6 semanas
1.3	3.5	6.5	31.25	61.25
2.6	4.0	6.75	40.75	65.50
5.3	5.5	7.5	50.25	71.00
8.0	5.5	7.5	60.75	74.00
10.7	6.0	8.0	65.00	75.50
13.3	7.0	11.25	71.25	85.50
16.1	8.5	13.5	80.75	90.5
SEm	1.18	0.475	1.86	0.505
CD1%	4.48	1.80	7.06	1.90

Tabela 4.13 Efeito do NAA no. de iniciação radicular / explantes e % de iniciação radicular em rebentos excisados de *Stevia rebaudiana*.

IAA(em µM)	Enraizamento/explantação às 4 semanas	Enraizar/explantar às 6 semanas	Início das raízes %às 4 semanas	Iniciação da raiz % às 6 semanas
1.42	3.5	6.5	31.25	61.25
2.82	4.0	6.75	40.75	65.50
5.7	5.5	7.5	50.25	71.00
8.56	5.5	7.5	60.75	74.00
11.4	6.0	8.0	65.00	75.50
14.2	7.0	11.25	71.25	85.50
17.1	8.5	13.5	80.75	90.5
SEm	1.18	0.475	1.86	0.505
CD1%	4.48	1.80	7.06	1.92

Tabela 4.14 Efeito de NAA com BAP Nº de iniciação de raiz / explantes e % de iniciação de raiz em rebentos excisados de *Stevia rebaudiana*.

NAA+BAP(em µM)	4semana iniciação da raiz %	6 semanas de iniciação radicular %	4semana raiz /explantar	6semana raiz /explantar
2.6+1.11	30.75	55.50	3.50	5.25
5.3+2.22	40.50	60.75	4.50	5.75
8.0+2.22	51.00	65.00	5.50	7.00
8.0+4.44	51.50	65.50	5.75	7.50
10.7+2.22	60.75	70.50	6.75	7.00
10.7+4.44	61.75	71.50	7.50	7.50
13.3+4.44	65.50	75.00	8.50	10.5
13.3+8.88	65.50	80.00	8.75	11.25
16.1+4.44	75.50	82.00	9.25	11.50
16.1+8.88	77.50	84.00	10.50	13.50
16.1+10.7	80.75	85.50	10.50	15.00
SEm	0.370	0.670	0.40	0.416
CD1%	1.11	2.00	1.12	1.24

BIBLIOGRAFIAS

1) Calderon, J. S., Quijano, L., Gomez, F., *et al.,* Heliangolides from *Stevia origanoides*. J. Nat Prod 1987, **50 (3)**:522.
2) Cardello, H. M., De Silva, M. A., and Damasio, M. H. Measurement of the relative sweetness of *Stevia* extract, aspartame and cyclamate/saccharin blend as compared to sucrose at different concentrations. Plant Foods Hum Nutr 1999, **54 (2)**:119-130.
3) Chan, P., Xu, D.Y., Liu, J. C. *et al.,* The effect of stevioside on blood pressure and plasma catecholamines in spontaneously hypertensive rats. Life Sci 1998, **63 (19)**:1679-1684.
4) Constantin, J., Ishii-Iwamoto, E. L., Ferraresi-Filho, O. *et al.,* Sensibilidade da cetogénese e do ciclo do ácido cítrico à inibição do transporte de palmitato através da membrana celular pelo esteviosídeo. Braz J. Med Biol Res. 1991, **24 (8)**:767-771.
5) Curi, R., Alvarez, M., Bazotte, R. B. *et al.,* Effect of *Stevia rebaudiana* on glucose tolerance in normal adult humans. Braz J Med Biol Res 1986, **19 (6):**771-774.
6) D'Agostino, M., De Simone F., Pizza, C., *et al.,* Steroli della *Stevia rebaudiana* Bertoni. Boll Soc Ital Biol Sper 1984, **60 (12):**2237-2240.
7) Das, S., Das, A. K., Murphy, R. A. *et al.,* Evaluation of the cariogenic potential of the intense natural sweeteners stevioside and rebaudioside A. Caries Res 1992, **26 (5)**:363-366.
8) Gardana, C., Simonetti, P., Canzi, E., Zanchi, R. e Pietta, P. Metabolismo de esteviosídeo e rebaudiosídeo A de extractos de *Stevia rebaudiana* pela microflora humana. J Agric Food Chem; 2003, **51 (22)**. 6618-22.
9) Geuns, J. M. Stevioside. Phytochemistry; 2003, **64 (5).**913-21.
10) Ishii-Iwamoto, E. L. e Bracht, A. Stevioside is not metabolized in the isolated perfused rat liver. Res Commun Mol Pathol Pharmacol 1995, **87 (2)**:167-175.
11) Jakinovich, W. e Moon, C. Avaliação da doçura de extractos de plantas utilizando o gerbo da Mongólia. J Nat Prod 1990, **53 (1)**:190-195.
12) Jeppesen, P.B., Gregersen, S., Poulsen, C. R. O esteviosídeo actua diretamente nas células beta pancreáticas para segregar insulina: acções independentes do monofosfato de adenosina cíclico e da atividade do canal K^+ sensível ao trifosfato de adenosina. Metabolism 2000, **49 (2)**:208-214.

13) Kelmer Bracht, A., Alvarez, M., e Bracht, A. Effects of *Stevia rebaudiana* natural products on rat liver mitochondria. Biochem Pharmacol 1985, **34 (6)**:873-882.

14) Kim, K.K., Sawa, Y., e Shibata, H. Hydroxylation of ent-kaurenoic acid to steviol in *Stevia rebaudiana* Bertoni--purificação e caraterização parcial da enzima. Arch Biochem Biophys 1996, **332 (2)**:223-230.

15) Kinghorn, A. D., Soejarto, N. P. D., Nanayakkara, C.M., A phytochemical screening procedure for sweet ent-kaurene glycosides in the genus *Stevia*. J Nat Prod 1984, **47 (3)**:439-444.

16) Klongpanichpak, S., Temcharoen, P., Toskulkao, C. Ausência de mutagenicidade do esteviosídeo e do esteviol em *Salmonella typhimurium* TA 98 e TA 100. J Med Assoc Thai 1997, **80 (Suppl 1)**:S121-128.

17) Koyama, E., Kitazawa, K., Ohori, Y., Izawa, O., Kakegawa, K., Fujino, A. e Ui, M. Metabolismo *in vitro* dos edulcorantes glicosídicos, mistura de *Stevia* e *Stevia* modificada enzimaticamente na microflora intestinal humana. Food Chem Toxicol; 2003, **41 (3).**359-74.

18) Ma, L. B., Zhang, da B., Chen, L., Chen, M. C., Molecular cloning and characterization of *Stevia rebaudiana* UDP-glucosyltransferase. Res Commun.; 1986, **53 (1)**,79-91.

19) Mata, R., Rodriguez, V., Pereda-Miranda, R. *et al.,* Stevisalioside A, a novel bitter-tasting ent-atisene glycoside from the roots of *Stevia salicifolia*. J Nat Prod 1992, **55 (5)**:660-666.

20) Matsui, M., Matsui, K., Kawasaki, Y., *et al.,* Avaliação da genotoxicidade do esteviosídeo e do esteviol utilizando seis ensaios de mutagenicidade in vitro e um in vivo. Mutagenesis 1996, **11 (6)**:573-579.

21) Melis, M. S. Um extrato bruto de *Stevia rebaudiana* aumenta o fluxo plasmático renal de ratos normais e hipertensos. Braz J. Med Biol Res 1996, **29 (5):**669-675.

22) Melis, M. S. and Sainati, A. R. Effect of calcium and verapamil on renal function of rats during treatment with stevioside. J. Ethnopharmacol 1991, **33 (3)**:257-262.

23) Melis, M. S. Administração crónica de extrato aquoso de *Stevia rebaudiana* em ratos: efeitos renais. J Ethnopharmacol 1995, **47 (3)**:129-134.

24) Melis, M. S. Effect of crude extract of *Stevia rebaudiana* on renal water and electrolytes excretion. Phytomedicine 1999, **6 (4)**:247-250.

25) Melis, M. S. Effects of chronic administration of *Stevia rebaudiana* on fertility in rats. J. Ethnopharmacol 1999, **67 (2):**157-161.

26) Melis, M.S. Renal excretion of stevioside in rats. J. Nat Prod 1992, **55 (5):**688-690.

27) Oliveira-Filho, R. M., Uehara, O. A., Minetti, C. A. *et al.,* Administração crónica de extrato aquoso de *Stevia rebaudiana* (Bert.) Bertoni em ratos: efeitos endócrinos. Gen Pharmacol 1989, **20 (2)**:187-191.

28) Pezzuto, J. M., Compadre, C. M., Swanson, S. M., Nanayakkara, D. e Kinghorn, A. D., Metabolically activated steviol, the aglycone of stevioside, is mutagenic. Proc Natl Acad Sci U. S. A., 1985, **82 (8).** 2478-2482.

29) Pezzuto, J. M., Nanayakkara, N. P., Compadre, C. M. *et al.,* Characterization of bacterial mutagenicity mediated by 13-hydroxy-ent-kaurenoic acid (steviol) and several structurally-related derivatives and evaluation of potential to induce glutathione S-transferase in mice. Mutat Res 1986, **169 (3)**:93-103.

30) Rajbhandari, A. e Roberts M.F., The flavonoids of *Stevia Rebaudiana.* J Nat Prod 1983, **46**:194-195.

31) Rajbhandari, A. e Roberts, M., The flavonoids of *Stevia microchaeta*, *Stevia monardifolia*, and *Stevia origanoides*. J. Nat Prod 1985, **48 (3)**:502-503.

32) Rajbhandari, A. e Roberts, M., The flavonoids of *Stevia nepetifolia.* J Nat Prod 1983, **47:**559-560.

33) Richman, A.S., Gijzen, M., Starratt, A. N., Yang, Z. e Brandle, J.E. Diterpene synthesis in Stevia rebaudiana: recruitment and up-regulation of key enzymes from the gibberellin biosynthetic pathway. Plant J., 1999, **19 (4).**411-21.

34) Roman, L. U., Cambron, J. I., del Rio R. E. *et al.,* Grindelane diterpenoids from *Stevia subpubescens*. J Nat Prod 2000, **63 (2):**226-229.

35) Sanchez-Arreola, E., Cerda-Garcia-Rojas, C. M., Roman, L. U. *et al.,* Longipinane derivatives from *Stevia connata.* J Nat Prod 2000, **63 (1)**:12-15.

36) Shibata, H., Sawa, Y., Oka, T., *et al.,* Esteviol e esteviol-glicosídeo: Actividades de glucosiltransferase em *Stevia rebaudiana* Bertoni - purificação e caraterização parcial. Arch Biochem Biophys 1995, **321 (2):**390-396.

37) Soejarto, D.D., Douglas, K., e Farnsworth, N. R.. Potenciais agentes adoçantes de origem vegetal. III. Avaliação organoléptica de amostras de herbário de folhas de *Stevia* para doçura. J. Nat Prod 1982, **45 (5)**:590-599.

38) Sosa, V. E., Gil, R., Oberti, J. C. Sesquiterpene lactones and flavones from *Stevia procumbens*. J. Nat Prod 1985, **48 (2):**340-341.

39) Substitutos do açúcar: Os americanos optam pela doçura e pela leveza. Um relatório da U.S. Food and Drug Administration; FDA Consumer, Nov.-Dez. 1999.

40) Suttajit, M., Vinitketkaumnuen, U., Meevatee, U., et al., Mutagenicidade e efeito cromossómico humano do esteviosídeo, um edulcorante da *Stevia rebaudiana* Bertoni. Environ Health Perspect 1993, **101 (Suppl 3**):53-56.

41) Yamamoto, N. S., Kelmer Bracht, A. M., Ishii, E. L. *et al.,* Effect of steviol and its structural analogues on glucose production and oxygen uptake in rat renal tubules. Experientia 1985, **41 (1):**55-57.

42) Yodyingyuad, V. e Bunyawong, S., Efeito do esteviosídeo no crescimento e na reprodução. Hum Reprod 1991, **6 (1):**158-165.

43) Chan, P., B. Tomlinson, et al., A double-blind placebo-controlled study of the effectiveness and tolerability of oral stevioside in human hypertension. British Journal of Clinical Pharmacology. [imprimir] setembro de 2000 , **50 (3):** 215-220.

44) Handro W., Ferreira C.M. e Floh E.I.S., Variabilidade cromossômica e taxa de crescimento em culturas de suspensão celular de Stevia rebaudiana (Bert.) Bertoni. Plant Sci. 1993, **93**: 169.

45) Flachsland E. Mroginski L. and Davina J., Regeneration of plants from anthers of Stevia rebaudiana Bertoni (Compositae) cultivated in vitro. Biocell 1996 , **20**: 87.

46) Rammer B. e Ikan R., Sweet glycosides from the stevia plant. Chem. Brit. 1986, **22**: 915

47) Bertoni M.S., An. Cient. Paraguay Ser. 190, **1 5**: 1.

48) Bertoni M.S., An. Cient. Paraguay Ser. 1918 , **II 6**:129

49) Akita M., Shigeoka T., Koizumi Y. e Kawamura M., Propagação em massa de cardume de *Stevia rebaudiana* usando um bioreactor de grande escala. Plant Cell Rep. 1994, **13**: 180

50) Kornilova O.V., Anti Kalshnikova E.A., Clonal microreproduction of stevia (Stevia rebaudiana Bertoni). Izvestiya Timirya zevskoi Sel'Skokhozyaistevnnoi Akademii 1996, 0: 99

51) Lewis W. H., Early uses of *Stevia rebaudiana* (Asteraceae) leaves as a sweetener in Paraguay. Econ. Bot. 1992, 46.

52) Metivier J. e Viana A.M., The effect of long and short day length upon the growth of whole plants and the level of soluble proteins, sugars and stevioside in leaves of Stevia rebaudiana Bert. J. Exp. Bot. l979, **30**: 1211336

53) Patil V., Ashwini K.S., Reddy P.C., Purushotham M.G., Prasad T.G. e Udayakumar M., Multiplicação in vitro de Stevia rebaudiana. Curr. Sci., 1996, **70**: 960

54) Shibata H., Sonoke S., Ochiai H., Nishihashi H. e Yamada M., Glucosylation of steviol and stcvtol-glucosides in extracts from Stevia rebaudiana Bertoni, Plant Physiol. 1991, **95**: 152

55) Shock C.C., Experimental cultivation of Rebaudi's Stevia in California, Davis Agronomy Progress Report, 1982, p. 122.

56) Soejarto D.D., Compadre C.M., Medon P.J., Kamath S.K. e Kinghorn A.D., Potential sweetening agents of plant origin. II. Pesquisa de campo para espécies *de Steuia* de sabor doce, Econ. Boi. 1983, **37**:71

57) Swanson S.M., Mahady G.B. e Beecher C.W.W., Stevioside biosynthesis by callus, root, shoot and rooted-shoot cultures in vitro. Plant Cell Tissue Organ Cult. 1992, **28**: 151.

58) Bespalhok, J.C., Hashimoto, J.M. & Viera,L.G.E., Indução de embriogênese somática a partir de leafexplantes de Stevia rebaudiana, Revista Brasileirade Fisiologia Vegetal, 1993, **5 (1)**: 51-53.

59) Vista Brasileira de Fisiologia Vegetal, 1992, **4 (1):** 59-61,.

60) Ferreira C.M. & Hanro, W., Micropropagação de Stevia rebaudiana através de explantes foliares de plantas adultas. Planta Medica, 1988, **54**:157-160,.

61) Ferreira, C.M. & Hanro., Produção, manutenção e regeneração de plantas a partir de culturas de suspensão celular de Stevia rebaudiana (Bert Bertoni. Plant Cell Reports 1988, **7**: 123-126.

62) Ferreira, C.M. & Handro, W., Algumas respostas morfogenéticas de explantes foliares de Stevia rebaudianacultivados in vitro. Revista Brasileira de Botânica 1, **10**: 113-116.

63) Flachsland, E.; Mroginski, L. & Davina, J., Regeneration of plants from anthers of Steviarebaudiana Berton ultivated in vitro.Biocell, 1987, **20**: 87-90,

64) Franz, P.F. & Schel, J.H.N., Cytodifferentiation duringthe development of friable embryogenic callus ofmaize (Zea mays). anadian Journal of Botany 1991, **69**: 26-33.

65) Handro, W. & Ferreira, C.M., Stevia rebaudiana(Bert.) Bertoni: produção de adoçantes naturais. In Bajaj, Y.P.S. (Ed.) Biotechnology in agricultureand forestry, 1989, p. 468-487.

66) Tamura, Y.; Nayamura, S.; Fukui, H. & Tabata, M., Propagação clonal de Stevia rebaudiana Bertoni por cultura de ponta de caule. Plant Cell Reports, 1984, 3:183-185.

67) Flachsland E.. Mroginski L. e Davina J., Regeneration of plants from anthers of Stevia rebaudiana Bertoni (Compositae) cultivated in vitro. Biocell1996, **20**: 87

68) Jeppesen, P. B., S. Gregersen, et al., O esteviosídeo actua diretamente nas células beta pancreáticas para segregar insulina: Acções independentes do monofosfato de adenosina cíclico e da atividade dos canais de K+ sensíveis ao trifosfato de adenosina. Metabolism Clinical and Experimental. Fev. 2000 , **49 (2)**: 208-214.

69) Totte, N., L. Charon, et al., Biossíntese do diterpenóide esteviol, um derivado ent-kaureno da Stevia rebaudiana Bertoni, através da via do metileritritol fosfato. Tetrahedron Letters. [print] 2000, **41 (33)** : 6407-6410.

70) Laboratorium Plantenfysiologie, Katholieke Universiteit Leuven, Kard. Mercierlaan 92, 3001, Leuven, Bélgica.

71) Cardello, H., S. M. Da. et al., Measurement of the relative sweetness of Stevia extract, aspartame and cyclamate/saccharin blend as compared to sucrose at different concentrations. Plant Foods for Human Nutrition Dordrecht 1999, p **54 (2)**: 119-130.

72) Cardello, H., S. M. Da, et al., Measurement of the relative sweetness of Stevia rebaudiana extract, aspartame and cyclamate/saccharin blend as compared to sucrose at different concentrations. Plant Foods for Human Nutrition Dordrecht1999, **54 (2)**: 119-130.

73) Chalapathi, M. V., S. Thimmegowda, et al., Influence of fertilizer levels on growth, yield and nutrient uptake of ratoon crop o Stevia rebaudiana f). Journal of Medicinal and Aromatic Plant Sciences. Dez. 1999, **21 (4)**: 947-949.

{Departamento de Agronomia, Universidade de Ciências Agrícolas, Bangalore, 560065, Índia.

74) Dwivedi, R. S., (Unnurtured and untapped super sweet nonsacchariferous plant species in India) Current Science Bangalore. junho de 1999, **76 (11)** : 1454-1461.

{Instituto Indiano de Investigação da Cana-de-Açúcar, Rai Barely Road, Lucknow, 226 002,
Índia.

75) Melis, M. S. Effects of chronic administration of Stevia rebaudiana on fertility in rats (Efeitos da administração crónica de Stevia rebaudiana na fertilidade de ratos). Journal of Ethnopharmacology. Nov. 1999, **67** (**2**): 157-161.

76) {a} Departamento de Biologia, Setor de Fisiologia, Faculdade de Filosofia, Ciências e Letras, Universidade de São Paulo, Ribeirão Preto, Cep 14049-901, Brasil.

77) Bondarev, N. I., A. M. Nosov, et al., Effect of exogenous growth regulators on callogenesis and growth of cultured cells in Stevia rebaudiana. Fiziologiya Rastenii Moscovo. Nov. Dez 1998, **45** (**6**): 888-892.-

78) Brandle, J. E., A. N. Starratt, et al., Stevia rebaudiana, Its agricultural, biological, and chemical properties. Canadian Journal of Plant Science 1998, **78** (**4**): 527-536.

79) Agric. and Agri-Food Can., South. Crop Prot. and Food Res. Cent., 1391 Sandford St., London, ON N5V 4T3, Canadá.

80) Chan, P., D. Y. Xu, et al., The effect of stevioside on blood pressure and plasma catecholamines in spontaneously hypertensive rats. Ciências da Vida 1998, **63** (**19**): 1679-1684.

81) Div. Cardiovasc. Med., Taipei Med. Coll. Taipei Wan Fang Hosp., No. 111, Hsin Lung Rd., Sect. 3, Wen Shan, Taipei 117, Taiwwan.

82) Nepovim, A. e T. Vanek, planta de Stevia rebaudiana utilizando cultura múltipla de rebentos. Plant Medica 1998, **64** (**8**): 775-776.

83) Inst. Org. Chem. Biochem.

84) Sikach, V. O., Effect of nutrient media on physiological peculiarities of Stevia rebaudiana Bertoni Plant cultivated in vitro. Fiziologiya i Biokhimiya Kul'turnykh Rastenii, 1998, **30** (**4**): 294-299.

85) Xi, Y., T. Yamaguchi, et al., Antioxidant activity of Stevia rebaudiana . Nippon Shokuhin Kagaku Kogaku Kaishi 1998, **45** (**5**): 310-316.

86) Fac. Agric., Tohoku Univ., 1-1 Tsutsumidori-Amamiya, Aoba-ku, Sendai-shi, Miyagi 981-8555.

87) Xie, S., X. Ouyang, et al., The growth and differentiation of callus cultures of Stevia rebaudiana in relation to the stevioside accumulation. Journal of Tropical and Subtropical Botany, 1998, **6** (**1**): 8-14.

88) Zhongshan Coll., Zhongshan 528403, China.

89) Bespalhok, F. J. C. e K. Hattori, Formação de calos embriogênicos e estudos histológicos a partir de explantes florais de Stevia rebaudiana (Bert.) Bertoni. Revista Brasileira de Fisiologia Vegetal 1997, **9 (3)**: 185-188.

{Dep. Genética e Melhoramento de Plantas, Sch. Ciências Agrícolas, Universidade de Nagoya, Chikusa ku,

Nagoya 464-01, Japão.

90) Carneiro, J. W. P., A. S. Muniz, et al., Produção de Stevia rebaudiana (Bert) Bertoni em estufa. Canadian Journal of Plant Science1997, **77 (3)**: 473-474.

{Univ. Estadual Maringá, Dep. Agron., Av. Colombo 5790, Maringá, Paraná. Colombo 5790, Maringa, Parana

87020-900, Brasil.

91) Chalapathi, M. V., S. Thimmegowda, et al., Natural non-calorie sweetener Stevia rebaudiana Bertoni): A future crop of India. Crop Research Hisser 1997, **14 (2)**: 347-350. Dep. Agron, Univ. Agric. Sci., Bangalore-560 065, Índia.

92) Kim, K. K. e H. Shibata. Characterization of ent-kaurenoic acid 13-hydroxylase in steviol biosynthesis of Stevia rebaudiana Bertoni. Química Agrícola e Biotecnologia 1997, **40 (6)**: 501-507. Chinju, Gyeongnam

93) Dep. Química Agrícola, Universidade Nacional de Gyeongsang, 660-701, Coreia do Sul.

94) Ermakov, E. I. e A. A. Kochetov, Caraterísticas específicas do crescimento e desenvolvimento da planta Stevia sob vários regimes de luz em condições regulamentadas. Doklady Rossiiskoi Akademii Sel'skokhozyaistvennykh Nauk 1996, **(1)**: 8-9. Agrophys. Inst., 194354 São Petersburgo, Rússia.

95) Flachsland, E., L. Mroginski, et al., Regeneration of plant from anthers of Stevia rebaudinana Bertoni (Compositae) cultivated in vitro. Biocell . 1996, **20 (1)**: 87-90.

{Inst. Bot. Nordeste, Fac. Ciencias Agrarias, Casilla Correo 209, 3400 Corrientes,

Argentinja

96) Huang, Y. S. e A. G. Guo, Investigação e produção de esteviosídeos do tipo R-A. Jornal de Recursos Vegetais e Meio Ambiente 1996, **5 (4)**: 29-32.

97) Mauri, P., G. Catalano, et al., Analysis of Stevia rebaudiana glycosides by capillary electrophoresis. Electrophoresis 1996, **17 (2)**: 367-371.

{Istituto Tecnol. Biomed. Avanzate c/o LITA, Via F.lli Cervi 93, 20096

Segregar.

98) Melis, M. S. Um extrato bruto de Stevia rebaudiana aumenta o fluxo plasmático renal de ratos normais e hipertensos. Jornal Brasileiro de Pesquisas Médicas e Biológicas 1996, **29 (5)**: 669-675.

{Dep. Biologia, Faculdade Filosofia, Ciencias Letras Ribeirao Preto, Univ. Sao Paulo Paulo, 14049-901 Ribeirao Presto, SP, Brail.

99) Akita, M., T. Shigeoka, et al., Propagação em massa de rebentos de Stevia rebaudiana utilizando um bioreactor de grande escala. Plant Cell Reports 1994, **13 (3-4)**: 180-183.

{Fac. Biol. Ciências Orientadas, Kinki Univ., 930 Nishimitani, Uchita-cho, Naga-gun, Wakayama 649-64, Japão.

100) Komissarenko, N. F., A. I. Derkach, et al., Diterpenic glycosides and phenylpropanoids of leaves of Stevia rebaudiana Bertoni (Asteraceae). Rastitel'nye Resursy 1994, **30 (1-2)**: 53-64. Ukr. Centro Estatal de Investigação de Medicamentos, Kharkov, Ucrânia.

101) Suttajit, M., U. Vinitketkaumnuen, et al., Mutagenicity and human chromosomal effect of stevioside, a sweetener from Stevia rebaudiana Bertoni. Environmental Health Perspectives 1993, **101 (Suppl. 3)**: 53-56.

102) Dep. Biochm., Chiang Mai Univ., Chiang Mai, Tailândia.

103) Haebisch, E. M. A. B. Ensaio farmacológico de um extrato bruto concentrado de Stevia rebaudiana (Bert.) Bertoni em voluntários sadios. Arquivos de Biologia e Tecnologia Curitiba 1992, **35 (2):** 299-314

104) Dep. Farmacol., Inst. Ciências Biomédicas, Univ. São Paulo, 05508, São Paulo, SP, Brasil.

105) Melis, M. S. Stevioside effect on renal function of normal and hypertensive rats. Journal of EthnopharSmolyar, V. I., E. D. Karpilovskaya, et al., Influence of saccharol, a new sweetener from Stevia rebaudiana, on an animal's body. 1992, **Voprosy Pitaniya (1)**: 60-63.

106) Res. Inst. Ind. Hyg., Minist. Health Ukr., Kiev, Ukr aine macology **36(3)**: 213-217.

107) Swanson, S. M., G. B. Mahady, et al., Stevioside biosynthesis by callus, root, shoot and rooted shoot cultures in vitro. Cultura de células e tecidos de plantas e órgãos 1992, **28 (2)**: 151-157.

108) Constantin, J., I. E. L. Ishii, et al., Sensibilidade da cetogénese e do ciclo do ácido cítrico à inibição do transporte de palmitato através da membrana celular pelo esteviosídeo. Brazilian Journal of Medical And Biological Research, 1991, **24 (8)**: 767-772.

109) Ishikawa, H., S. Kitahata, et al., Transfructosylation of rebaudioside A (a sweet glycoside of Stevia rebaudiana leaves) with Microbacterium beta-fructofuranosidase. Chemical & Pharmaceutical Bulletin , 1991, **39 (8)**: 2043-2045.

110) Zubenko, V. F. e S. V. Rogovskii, et al., Phytohormone-induced stimulation of the rooting of Stevia rebaudiana cuttings and growth of its seedlings. Doklady Vsesoyuznoi Ordena Lenina Ordena Trudovogo Krasnogo Znameni Akademii Sel'Skokhozyaistvennykh Nauk Imeni, 1991, 16-18.

111) Zubenko, V. F., S. V. Rogovskii, et al., Effect of cutting leafiness and light day duration on the rooting ability and growth of Stevia rebaudiana Bertoni seedlings. Fiziologiya I Biokhimiya Kul'Turnykh Rastenii 1991, **23 (4)**: 407-411.

MIX
Papier aus verantwortungsvollen Quellen
Paper from responsible sources
FSC® C105338

Printed by Books on Demand GmbH, Norderstedt / Germany